Studieren im Quadrat

Claudia Ossola-Haring
Alexander Dürr

Studieren im Quadrat

Erfolgreich gründen

Start-Up im Studium

2., überarbeitete Auflage

UVK Verlagsgesellschaft mbH · Konstanz und München

Dieses Buch erschien bisher bei utb.

Bibliografische Information der Deutschen Bibliothek
Die Deutsche Bibliothek verzeichnet diese Publikation in der Deutschen Nationalbibliografie; detaillierte bibliografische Daten sind im Internet über <http://dnb.ddb.de> abrufbar.

ISBN 978-3-86764-702-1 (Print)
ISBN 978-3-7398-0091-2 (E-PUB)
ISBN 978-3-7398-0092-9 (E-PDF)

Umschlaggestaltung: Susannne Engstle und Susanne Fuellhaas

UVK Verlagsgesellschaft mbH
Schützenstr. 24 · 78462 Konstanz
Tel. 07531/9053-0 · Fax 07531/9053-98
www.uvk.de

Vorwort

Das Bild vom „schönen und stressfreien" Studentenleben hat so wahrscheinlich noch nie gestimmt. Ganz sicher aber stimmt es aktuell nicht mehr. Denn zu studieren wird, gleichgültig, wie die politischen Lippenbekenntnisse aussehen, zunehmend zu einem finanziellen Risiko. Ein Weg, sich das Studium zu finanzieren und oft auch gleich noch sich einen guten Start ins „richtige" Berufsleben zu sichern, ist, sich bereits vor oder während des Studiums selbstständig zu machen, ein Unternehmen zu gründen.

Einen Vorteil nämlich hat das Studium. Trotz aller Verschuldungsmaßnahmen, die auch „Bologna" mit sich gebracht hat: Als Studierende sind Sie deutlich flexibler, was die eigene Zeiteinteilung anbelangt, als Sie es während jeder Ihrer kommenden Berufssituationen sein werden.

Natürlich gibt es da die schönen Geschichten, dass Studenten aus ihrem Hobby heraus zu Millionären wurden und ihre Profs ausgelacht haben, weil diese auf Aufmerksamkeit und gute Noten statt auf höchstens körperliche Anwesenheit – zumindest in den Fächern und Studiengängen, in denen selbige Voraussetzung zur Prüfungszulassung war – drängten. Aber hier ist es wie mit einer besonderen Begabung: ohne Fleiß geht nichts. Die Frage ist „nur", ob einem das Malochen und Ackern Spaß macht, oder ob man es als Last und Fron empfindet.

Welche Unternehmen Studenten gründen könnten, hängt a) von ihren persönlichen Interessen, b) ihren persönlichen Kenntnissen und c) auch vom Studium ab. Beispiele gibt es genügend: Da ist der Medien-Student, der seinem Techniker-Vater aus der Arbeitslosigkeit verhilft, indem sie zusammen eine Firma gründen. Da ist der Student, der seine persönliche Leidenschaft für Online-Spiele in eine rechtliche Form bringt und damit – sehr gutes – Geld verdient. Ebenso der, der sich über langweilige und schwer zu bedienende Homepages ärgerte und jetzt selbst solche gegen Entgelt gestaltet. Da ist der BWL-Student, der neben Wurstbrätereien auf dem Freiburger Münstermarkt seinen Tofu-Stand aufmacht. Da sind die Musik-Studenten, die Bands gründen oder als DJs arbeiten. Erfolgreiche Konzertagenturen wurden von Studenten gegründet. Da sind natürlich auch die legendären Ewig-Studenten, die erfolgreiche Kneipiers wurden und blieben.

Gleichgültig, auf welchem Gebiet Sie sich selbstständig machen wollen oder werden: Ab einem gewissen Grad der Aktivitäten sind innere und äußere Organisation wichtig: die innere Organisation, um das, was vielversprechend angefangen hat, weiter zu führen; die äußere Organisation, weil sich neben Kommunen recht schnell vor allem auch das Finanzamt dafür interessiert, was denn da so vor sich geht.

Inhaltsverzeichnis

Vorwort 5

1 Der Markt 11

1.1 Marktforschung – Vorsprung durch Wissen 13

1.2 Arten der Marktinformationen 15

1.3 Kundenbefragung 19

1.4 Datenquellen im Rahmen der Schreibtischforschung 21

1.5 Markforschung durch Patentinformationen 24

1.6 Trends erkennen und nutzen 25

1.7 Marktanalyse 28

1.8 Kundenbewertung – lukrative Kunden systematisch herausfiltern 29

1.9 Ermittlung des Marktvolumens 30

2 Die erfolgreiche Existenzgründung gut vorbereiten 33

2.1 Wie sieht Ihr Gesamt-Gründungskonzept aus? 35

2.2 Ihr Existenzgründungsbericht 42

2.3 So erstellen Sie einen Businessplan 43

3 Lästige Formalitäten – aber sie müssen sein 47

3.1 Gründungsformalitäten 49

3.2 Versicherungs-Check ... 51
4 So finanzieren Sie Ihr zukünftiges Unternehmen ... 57
4.1 Kosten- und Kapital-Check ... 59
4.2 Eigenkapital-Check ... 59
4.3 Fremdkapital-Check ... 62
4.4 Debitorenmanagement ... 65
4.5 Bürgschafts-Check ... 68
4.6 Alternative Finanzierungen ... 69
4.7 Kreditgeber-Check ... 71
4.8 Fördermittel-Check ... 74
4.9 So erstellen Sie einen Finanz- und Liquiditätsplan ... 76
4.10 Was Sie über das Rating wissen müssen ... 79
4.11 Wie legen Sie das Geld Ihres Unternehmens richtig an? ... 83
5 Rechtsformen für Unternehmen ... 87
5.1 Überblick über mögliche Rechtsformen ... 89
5.2 Einzelunternehmer / Selbstständige ... 91
5.3 Personengesellschaften ... 93
5.4 Kapitalgesellschaften ... 103
5.5 Der handelsrechtliche Jahresabschluss einer Kapitalgesellschaft ... 121

5.6 Welche Rechtsform für wen? ... 124

6 Um diese wirtschaftlichen Grundnotwendigkeiten kommen Sie nicht herum ... 127

6.1 Handelsrechtliche Buchführung und Abschluss ... 129

6.2 Kostenrechnung und Kalkulation ... 132

6.3 Investitionsplanung und -kontrolle ... 140

6.4 Controlling mit System ... 143

6.5 Kennzahlen ... 145

7 Wer Erfolg hat, muss Steuern zahlen – Steuerpflichten haben auch Gründer ... 153

7.1 Überblick über die wichtigsten Steuerarten ... 155

7.2 Das sind Ihre steuerlichen Pflichten ... 157

8 Nach dem Studium – was soll nun mit der Firma werden? ... 191

8.1 Partner steigen aus – Sie führen die Firma alleine weiter ... 193

8.2 Sie wollen neue Partner aufnehmen ... 195

8.3 Sie wollen die Firma verkaufen ... 197

8.4 Sie beenden die Firma ... 200

Index ... 203

1 Der Markt

1.1 Marktforschung – Vorsprung durch Wissen

Die Unternehmensumwelt hat sich in den letzten Jahren radikal geändert und ändert sich weiter im immer schnelleren Rhythmus. Zu den neuen Rahmenbedingungen zählt neben der *Verknappung der Ressource Zeit* eine dramatische *Steigerung der Komplexität* und *Dynamik*.

Als Studierender stehen Sie vor zwei Herausforderungen:

[1] Sie wissen ganz genau, was Sie später einmal tun wollen, gründen schon jetzt Ihr Unternehmen und suchen sich das Ihrer Meinung nach dazu passende Studium aus.

[2] Sie studieren ein – manchmal mehr, manchmal weniger – interessantes Fach, benötigen Geld und wollen mit Ihrem erworbenen Wissen „etwas anfangen", ohne zu kellnern, Hunde zu sitten oder als Werkstudent zu „malochen".

In beiden Fällen kommen Sie nicht umhin, den Markt Ihres möglichen Betätigungsfeldes systematisch zu erkunden und zu beobachten. Nur so können Sie Entwicklungen vorhersehen und Lücken entdecken.

Wobei hier gleich eine Einschränkung gemacht werden muss: Eine „Lücke zu entdecken", heißt nicht, dass Sie das Rad neu erfinden müssen. Eine Lücke zu entdecken, kann auch heißen, dass eine Idee, auf die Sie vielleicht im Ausland gestoßen sind und gut fanden, in Ihrem Umfeld noch nicht abgedeckt ist. Warum also nicht durch Sie? Beispiele hier sind z.B. der Verkauf von Ballerinas in Diskotheken, wenn die Beine und Füße der Besucherinnen die Highheels nicht mehr „ertragen", oder das Aufstellen von Automaten mit Regenschirmen oder ...

Ihre Markt(er)forschung hat – grob gesagt – fünf Aufgaben:
[1] Beobachtung der volkswirtschaftlichen Entwicklung,
[2] Konsumforschung (Bedarf und Verbrauch),
[3] Konkurrenzforschung,
[4] Produkt- und Dienstleistungsforschung,
[5] Distributionsforschung.

Bei der **volkswirtschaftlichen Entwicklung** kommt es darauf an, dass Sie sich ein Bild von der allgemeinen Wirtschaftslage und ihrer wahrscheinlichen zukünftigen Entwicklung beschaffen. Das klingt hochtrabender als es tatsächlich ist. Häufig genügt hier der gesunde Menschenverstand, eine regelmäßige Lektüre von Tages- und Wirtschaftszeitungen sowie ein bisschen Phantasie. Denn die allgemeine Konjunkturentwicklung lässt Rückschlüsse auf die möglichen Erfolgschancen Ihres Vorhabens zu.

Die **Konsumforschung** brauchen Sie, um effiziente Werbestrategien festlegen zu können. Sie müssen beispielsweise wissen, wie viele Verbraucher ein Produkt kaufen und verwenden oder eine Dienstleistung an Anspruch nehmen. Umgekehrt müssen Sie auch wissen, weshalb Ihr Produkt nicht gekauft oder Ihre Dienstleistung nicht abgefragt wird. Bringen Sie in Erfahrung, ob es bei Ihren potentiellen Käufern schon Produkte oder Dienstleistungen gibt, die ausgereifter sind als das Ihre. Wenn ja, haben Sie eine Möglichkeit, sich über den Preis „ins Spiel zu bringen".

Durch die **Konkurrenzforschung** verdeutlichen Sie sich sowie Ihren Kunden die Marktposition Ihres eigenen Unternehmens im Vergleich zu Mitanbietern. Nur wenn Sie diese Daten kennen, werden Sie in der Lage sein – mit Blick auf Ihre

Mitbewerber und Konkurrenten – geeignete Marktstrategien und Gegenmaßnahmen zu entwickeln.

Die **Produkt- oder Dienstleistungsforschung** liefert Ihnen wichtige Informationen über Produkte und Leistungen, die derzeit am Markt angebotenen werden. Um ein Produkt genau und unternehmerisch verwertbar zu erforschen, brauchen Sie nicht nur Daten über den Nutzwert des eigentliche Produkts, sondern auch über dessen technischen Stand, dessen technische Details, die Form, Aussehen, Farbe der Verpackung, Farbe des Produkts, eventuell dessen Geschmack und Geruch. Äußerst wichtig ist die Zielgruppe, an die sich die Werbung für die jeweiligen Produkte richtet. Wichtig ist auch eine mögliche Kombination von Produkten und Dienstleistungen.

Bei der **Distributionsforschung** erforschen Sie die Vertriebswege Ihres eigenen Unternehmens. Welcher Vertriebswege ist effektiv und richtig? Sie erhalten Antworten auf Fragen wie: Was können Sie verbessern? Ist Ihr Unternehmen termintreu? Wie ist die Vorratshaltung?

1.2 Arten der Marktinformationen

Die Beschaffung und Aufbereitung der Informationen aus Markt- und Umweltinformationen kann grundsätzlich auf zwei Wegen erfolgen:

[1] durch Primärforschung (Feldforschung / Field-Research)

[2] durch Sekundärforschung (Schreibtischforschung / Desk Research)

Die **Primärforschung** erfragt Daten und Fakten direkt beim Verbraucher. Das Aufgabengebiet wird in der Praxis gegliedert in Marktanalyse und Marktbeobachtung. Wenn Sie nicht von vornherein eine genau umrissene Zielgruppe oder ein genau abgestecktes Einsatzgebiet haben, ist diese Art der Marktforschung für Sie anfangs auf jeden Fall, aber auch auf Dauer zu teuer. Außerdem ist die Marktanalyse situations-, zeit- und sachbezogen. Im Klartext: Hier wird nur ein einziger Faktor untersucht. Die Marktbeobachtung dagegen beobachtet laufend bestimmte Entwicklungen.

Für die Datenerhebung bieten sich Ihnen grundsätzlich drei Möglichkeiten:

[1] die *Befragung* (z.B. im Falle von Bekanntheitsgrad, Kundenzufriedenheit),

[2] die Beobachtung und

[3] das Experiment.

Die am weitesten verbreitete Form der Feldforschung ist die Befragung.

Bei der *schriftlichen Befragung* wird ein Fragebogen entwickelt, der nach einem „Pretest" (Vorabtest) an die Auskunftspersonen verteilt oder verschickt wird. Dazu können Sie z.B. auch „Survey Monkey" verwenden. Ihre Auskunftspersonen füllen den Fragebogen eigenständig aus und schicken ihn zurück.

Als *Vorteile* der schriftlichen Befragung sind zu nennen:

- Man erhält schnelle Auskunft bei einer Vielzahl von Auskunftspersonen.
- Befragte haben ausreichend Zeit zum Nachdenken.

- Es sind keine Interviewer notwendig, d. h. die Befragung ist leichter zu organisieren.
- Es entsteht kein Interviewer-Einfluss, d. h. sozial-erwünschtes Antwortverhalten ist nahezu vollständig ausgeschlossen.
- Da keine Interviewer beschäftigt werden müssen, entstehen vergleichsweise geringe Kosten, was insbesondere in großen Befragungsgebieten zu Buche schlägt.

Als *Nachteile* der schriftlichen Befragung gelten:

- Mit steigendem Fragebogenumfang sowie bei heiklen Fragen (z.B. nach dem Einkommen) sinkt die Akzeptanz bei den Befragten.
- Es ist keine Abfrage spontaner Antworten möglich.
- Es besteht keine Sicherheit, dass auch wirklich der Adressat antwortet. Zum Beispiel wird der Fragebogen an den Vater verschickt, dieser hat aber wenig Zeit und bittet seinen Sohn (Schüler) oder seine Mutter (Rentnerin), den Fragebogen stellvertretend für ihn auszufüllen.
- Schriftliche Befragungen haben meist relativ geringe Rücklaufquoten (abhängig vom Interesse am Befragungsgegenstand).

Geringe Rücklaufquoten und damit Stichprobenausfälle können je nach Ursache erhebliche Gefahren in sich bergen. Die unechten oder stichprobenneutralen Ausfälle (z.B. Kunden, die aus dem Einzugsgebiet eines Unternehmens weggezogen sind) stellen nichts anderes als ein Bereinigen des Adressmaterials dar und sind im Regelfall unproblematisch. Anders sieht es bei den echten Ausfällen (*Antwortverweigerungen*) aus, die zu einer erheblichen Verzerrung der Befunde führen können (*Non-Response-Problem*). Aus diesem Grund sollten Sie versuchen, eine möglichst hohe Rücklaufquote zu erzielen.

Bei der *mündlichen Befragung* stehen sich Interviewer und Auskunftsperson unmittelbar gegenüber (Face-to-Face-Interview). In Bezug auf die Erhebungssituation sind folgende *Spielarten* möglich:

- *Home-Befragung:* Der Interviewer sucht die Auskunftsperson zu Hause auf und führt dort die Befragung durch.
- *Office-Interview:* Die Auskunftsperson wird an ihrem Arbeitsplatz befragt. Diese Befragungsvariante empfiehlt sich bei gewerblichen Kunden und einer vergleichsweise hohen Hierarchiestufe der Ansprechpartner.
- *In-Hall-Befragung:* Die Erhebung wird in einem Testlokal durchgeführt, etwa einem angemieteten Raum in einem Einkaufszentrum.
- *Street-Interview:* Die Befragung wird beispielsweise an einer vielfrequentierten Straßenkreuzung oder in einer Fußgängerzone durchgeführt.
- *Store-Test:* Das Interview findet in der Einkaufsstätte statt.

Als *Vorteile* der mündlichen Befragung sind zu nennen:

- Die Auskunftsbereitschaft ist größer als bei der schriftlichen Befragung, nicht zuletzt deshalb, weil der Interviewer psychologische Hemmschwellen und Zweifel der Befragten im direkten Gespräch ausräumen kann.
- Die Gesprächssituation ist kontrollierbar.
- Rückfragen sowohl des Interviewers als auch des Befragten sind möglich, so dass die Gefahr von Missverständnissen verringert werden kann.

Als *Nachteile* dieses Verfahrens gelten:

- Der Kostenaufwand ist vergleichsweise hoch.
- Es muss mit erhöhtem Zeitaufwand gerechnet werden.
- Die Interviewer üben (ungewollt) einen Einfluss auf den Befragten aus, was sozial erwünschtes Antwortverhalten fördert (Interviewer-Bias).

Die *telefonische Befragung* schließlich eignet sich immer dann, wenn nur wenige, leicht zu beantwortende Fragen gestellt werden, in deren Mittelpunkt eher Fakten denn die persönliche Sphäre des Befragten stehen. Dabei ist jedoch der zunehmende Unwille, sich telefonisch befragen zu lassen, zu berücksichtigen.

Im Zuge der Feldforschung kommt des Weiteren die *Beobachtung* zum Einsatz. Besonders beliebt ist hier die Kundenbeobachtung, bei der – wie der Name schon zum Ausdruck bringt – die Zielgruppe beim Beschaffungs- oder Entscheidungsvorgang beobachtet wird, ohne dass diese das bemerkt. Diese Methode eignet sich auch für das Aufspüren von Lücken durch gründungswillige Studierende.

1.3 Kundenbefragung

Nur Kundenzufriedenheit beschert einem Unternehmen dauerhaft wirtschaftlichen Erfolg. Nichts gefährdet den Erfolg mehr als eine falsche Einschätzung der Kundenzufriedenheit oder eine Missachtung der Unzufriedenheit der Kunden. Eine Kundenbefragung ist dabei ein exzellentes Mittel, um den tatsächlichen Grad der Kundenzufriedenheit zu erfahren. Kundenbefragungen reichen von informellen Blitzumfrage bis zur repräsentativen Studie. Es gilt jedoch, Vorsicht walten zu lassen, damit die erhobenen Daten nicht wertlos sein, weil sich methodische Fehler eingeschlichen haben. Diese Vorsicht muss sich erstrecken auf das Erarbeiten der Fragestellung, der Bestimmung der Zielgruppe und der Konzeption des Fragebogens.

So sollten Sie vorgehen:

[1] Definieren Sie die Zielgruppe Ihrer Befragung genau. Sollen es die Kunden oder die Anwender sein?

[2] Bestimmen Sie die Größe der Zielgruppe genau. Eine zu große Zielgruppe ist dabei ebenso schädlich wie eine zu kleine. Die Auswahl der zu Befragenden aus einer großen Zielgruppe muss repräsentativ für Ihren Kundenkreis sein.

[3] Definieren Sie das konkrete Ziel der Befragung. Nur wenn Sie das Ziel kennen, können Sie die Daten richtig interpretieren und Konsequenzen aus den Ergebnissen ziehen.

[4] Stellen Sie die Fragen so, dass die Kunden sie inhaltlich oder sprachlich verstehen. Lassen Sie "nachbessern", wenn bei den ersten Kunden-Interviews zu bestimmten Fragen häufige Nachfragen kommen oder die Interviewer häufig Zusatzerläuterungen geben müssen.

[5] Schalten Sie eine Pilotphase vor, in der Sie den Fragebogen an einem kleinen Kreis „echter" Kunden erproben („Oma-Test"). So können Sie Fehler und Unstimmigkeiten ohne großen Kostenaufwand beseitigen

So konzipieren Sie den Fragebogen:

- Der Fragebogen muss inhaltlich repräsentativ aufgebaut sein.
- Jede einzelne Frage muss sprachlich kundenorientiert aufbereitet sein
- Die Antwortmöglichkeiten müssen inhaltlich und optisch gestaltet sein.

1.4 Datenquellen im Rahmen der Schreibtischforschung

Bei der **Sekundärforschung** handelt es sich um eine Sammlung und Aufbereitung von Informationen und Daten, die nicht durch Eigenbefragung oder Eigenforschung ermittelt worden sind. Dadurch müssen aber die Ergebnisse nicht „minderwertiger" sein als die Daten, die durch Primärforschung ermittelt werden. Im Gegenteil: Da bei der Primärforschung häufig Fehler begangen werden, die zu Falschreaktionen aufgrund von Missinterpretation führen können, sind die Daten der Sekundärforschung „neutraler" und „objektiver". Voraussetzung ist natürlich, dass die Quelle zuverlässig ist und nach offenen Kriterien ihre Daten zusammenstellt.

Verfügen Sie nicht über Insiderinformationen, müssen Sie (was wahrscheinlich sein dürfte), müssen Sie sich auf die *Suche außerhalb des Unternehmens* machen. Dies ist beispielsweise der Fall, wenn Sie Marktvolumen, Marktanteile von Wettbewerbern, Marktpotenzial oder Marktsättigungsgrad ermitteln wollen.

Zahlreiche Daten können Sie dabei selbst recherchieren. Hierzu zählen u.a.:

[1] Öffentliche Einrichtungen und Behörden wie das Statistische Bundesamt, die Statistischen Landesämter oder das Bundes-

wirtschaftsministerium. Diese stellen Informationen zur Verfügung, die teilweise sogar kostenlos bezogen werden können.

[2] die Industrie- und Handelskammern (IHK), die eigene Marktuntersuchungen in ihren jeweiligen Kammerbezirken durchführen. Die Ergebnisse setzen die Kammermitarbeiter im Rahmen ihrer kostenlosen Beratungen ein.

[3] die Handwerkskammern (HWK). Sie halten die Kennzahlen der Betriebsvergleiche ihrer Mitglieder bereit und analysieren die Marktsituation im jeweiligen Kammerbezirk. Die HWK verfügen über das Datenbanksystem MauSI (Markt- und Standort-Informationssystem). Es enthält die in die Handwerksrolle eingetragenen Betriebe sowie regionale Daten wie Einwohnerzahl, Kaufkraft, Betriebsdichte etc.

[4] Kreditinstitute, die im Regelfall eigene Marktinformationen zusammen stellen.

[5] Wirtschaftsdatenbanken, die eine preisgünstige und schnelle Möglichkeit bieten, im Internet Informationen zu recherchieren.

Im Zuge der Marktforschung stehen Unternehmen immer wieder vor dem Problem, an *vergleichbare Daten der Wettbewerber* heranzukommen und dadurch einen Maßstab für die eigene Leistungsfähigkeit zu erhalten.

Sind die konkurrierenden Wettbewerber aufgrund ihrer Rechtsform oder ihrer Größe publizitätspflichtig, müssen sie nach Ablauf des Geschäftsjahres die gesetzlich vorgeschriebenen Informationen zur Entwicklung ihres Unternehmens veröffentlichen (elektronisches Handelsregister, Unternehmensregister). So kann der *Geschäfts- oder Lagebericht* meistens über die Internet-Homepage des Wettbewerbers angefordert werden.

Zahlreiche Informationen über den Markt und seine Wettbewerber findet man in *Fach- und Branchenzeitschriften*, die auch Hinweise auf weiterführende Marktstudien und Literatur geben. Zusätzliche Quellen sind *offizielle Statistiken*, zum Beispiel von den Statistischen Landesämtern, sowie Veröffentlichungen von Industrieverbänden oder Marktforschungsinstituten.

Des Weiteren gibt es in vielen Unternehmen *Mitarbeiter*, die zuvor für Konkurrenten tätig waren und Hinweise zur Geschäftspolitik sowie zu Stärken und Schwächen geben können. Eine gute Quelle sind hier die Social Media, wie etwa Facebook oder XING, aber z.B. auch Unternehmensbeurteilungen etwa über Kununu. Um möglichst viel über Ihre Wettbewerber zu erfahren, sollten Sie *Gespräche mit gemeinsamen Vertriebspartnern, Lieferanten, Kunden oder Werbeagenturen* führen.

Checkliste: Mögliche Informationsquellen für Sekundärforschung

Medium	wichtig	bedingt wichtig	unwichtig
Wirtschaftspresse, Wirtschaftsteile der Zeitungen, Fachpresse, Bankbriefe, Prognosen von Behörden und Instituten	❑	❑	❑
Statistische Bundes- und Landesämter	❑	❑	❑
Branchenzeitschriften, Verbandsstatistiken, Rundschreiben	❑	❑	❑
Veröffentlichung von Instituten	❑	❑	❑
Befragungen (Panels) der Marktforschungsinstitute	❑	❑	❑

Branchenverzeichnisse, Adressbuchverlage	❑	❑	❑
Berichte des Außendienstes, Messebesuche	❑	❑	❑
von Instituten erstellte Imageanalysen	❑	❑	❑
Patentdatenbanken	❑	❑	❑
Hosts und Online-Datenbanken	❑	❑	❑
Internet, Social Media	❑	❑	❑
Media-Analysen (Marktforschungsberichte von Großverlagen und Fachzeitschriften)	❑	❑	❑
internes Datenmaterial, wie z.B. Berichte von Studienkollegen, der eigenen Familie, Freunde	❑	❑	❑
Branchenzeitschriften, Verbandsstatistiken, Rundschreiben	❑	❑	❑
Produkttests, Verpackungstests, Testmärkte, Produktprofile	❑	❑	❑
Konkurrenzbeobachtung, zum Beispiel: Werbung, Prospekte, Präsentationen u.a.	❑	❑	❑

1.5 Markforschung durch Patentinformationen

Wer ein technisches Studium absolviert, der wird häufig auch zu den „Tüftlern" gehören, die sich mit den vorgegebenen Lösungen nicht zufrieden geben (wollen). Mit innovativen Produkten und pfiffigen Ideen helfen solche Menschen, den Lebensstandard zu sichern.

Dabei wird aber leider sehr oft „aneinander vorbei“ gearbeitet. Anstatt sich über den neuesten Stand der Technik und auch über das Konkurrenzangebot zu informieren, wird einfach darauf los „gebosselt“ und entwickelt. Mit dem Erfolg, dass es unzählige Doppel- und Nachentwicklungen gibt, die – nach Angaben des Deutschen Patentamtes jährlich zu zweistelligen Milliarden € volkswirtschaftliche Verluste führen (Quelle: Alexander J. Wurzer: „Wettbewerbsvorteile durch Patentinformationen“).

Die technischen Informationen in Patentschriften sind sehr detailliert. So kann ein Fachmann den entsprechenden Patentgegenstand in aller Regel problemlos nachbauen.

In diesem Zusammenhang sind zwei Informationen wichtig:

[1] Patente werden nicht nur für Basiserfindungen erwirkt, sondern sehr viel häufiger für Detailverbesserungen

[2] Etwa 90 % der verfügbaren Patentliteratur ist nicht geschützt, weil z.B. die Patente auslaufen oder weil sie zurückgewiesen respektive zurückgezogen wurden.

1.6 Trends erkennen und nutzen

Jede Zeit hat ihre Trends – „dumm“ nur, dass die Entwicklungen im Verbraucher- und Kundenverhalten oft *widersprüchlich* sind. Gerade weil Trends kein widerspruchsfreies System darstellen, sind sie hervorragend für „Nischen-Gründungen“ während der Studienzeit geeignet. Ein Zitat von John F. *Kennedy* bringt es auf den Punkt: „Wir müssen die Zeit als Werkzeug nutzen, nicht als Sofa zum Ausruhen.“

Um für Ihre Unternehmens- und Produkt- respektive Dienstleistungsplanung möglichst sichere Vorgaben und Fingerzeige erhalten zu können, ist es unabdingbar, dass Sie – zumindest in kleinerem Maßstab – eine Trendanalyse betreiben. Häufig genug reicht es, dass Sie aufmerksam Ihre Mitstudieren und andere Altersgenossen beobachten, regelmäßig Zeitung und Fachzeitschriften lesen, um über neue und kommende Entwicklungen so auf dem Laufenden zu sein.

Empfehlenswert ist es, diese Quellen (Zeitungsberichte, Wirtschaftsnachrichten, Firmenberichte, ...) nach einem bestimmten System zu ordnen und sie als „Chef-Akte" aufzubewahren. Auf diese Art und Weise entwickeln Sie im Laufe der Zeit eine aussagekräftige, individuelle Trend-Datenbank für Ihr Unternehmen.

Folgende Felder sollten Sie regelmäßig analysieren, die Fundstellen notieren und die Wertigkeit des Trends für Ihr Unternehmen (kurz-, mittel- und langfristig) festlegen:

[1] mengenmäßige Marktentwicklung

[2] wertmäßige Marktentwicklung

[3] technologische Entwicklungen bei Produkten, Verfahren, Normen

[4] ökologische Entwicklungen bei Materialien, Entsorgung, Recycling

[5] ökonomische Entwicklungen bei Zielgruppen, einzel-volkswirtschaftlich (Standort/e), weltwirtschaftlich

[6] rechtliche Entwicklungen bei Zielgruppen, einzel-volkswirtschaftlich (Standort/e), weltwirtschaftlich

[7] politische Entwicklungen bei Zielgruppen, einzel-volkswirtschaftlich (Standort/e), weltwirtschaftlich

[8] Werteentwicklung (sozial, religiös, persönlich, wirtschaftlich)

[9] Kundenverhalten (Bewusstsein, Markentreue, Kaufgewohnheiten, Ansprüche, Kaufmotive)

[10] Wettbewerberverhalten (Zahlungsmoral, Qualität, Standortverlagerungen, Werbeverhalten, Produktionsumstellungen, Führungsspitzenwechsel)

Wie aber können Sie erkannte oder erspürte Trends für Ihr Unternehmen nutzen? Hierbei hat sich die folgende *dreistufige Vorgehensweise* bewährt:

- Schritt 1: Analyse der Betroffenheitsdimensionen

  Nicht jeder der vorgestellten Trends betrifft Ihr Vorhaben im gleichem Maß. Klären Sie deshalb, welche Trends für Ihr Unternehmen wichtig und welche weniger wichtig sind.

- Schritt 2: Entwicklung von Ideen

  Nunmehr gilt es, aus den gemäß ihrer Bedeutung aufgelisteten Trends Erfolgspotenzial für Ihr Unternehmen aufzuspüren. In solchen Situationen können Ihnen sog. Kreativitätstechniken wertvolle Hilfe leisten.

- Schritt 3: Überprüfbarkeit der entwickelten Ideen auf ihre Umsetzbarkeit

  Zu Beginn von Phase 3 liegt in aller Regel eine mehr oder minder überschaubare Anzahl von Vorschlägen auf dem Tisch. Da bei Kreativitätstechniken die Quantität der Lösungen zunächst wichtiger ist als deren Qualität, müssen Sie die produzierten Ideen nunmehr unter Heranziehen von Kosten/Nutzen-gesichtspunkten sorgfältig auf ihre Realisierbarkeit hin überprüfen.

1.7 Marktanalyse

Als „Allheilmittel“ für eine zukunftsorientierte Unternehmensausrichtung gerade im Dienstleistungsbereich wird häufig die Spezialisierung auf bestimmte Dienstleistungen oder bestimmte Kundengruppen angepriesen. Wo aber viel Licht, da ist auch viel Schatten. Und vor dem Erfolg steht bekanntlich der „Schweiß“.

Bevor Sie sich also für eine Spezialisierung bewusst entscheiden, sollten Sie den Markt und Ihre Unternehmensstruktur analysieren. Definieren Sie zunächst genau, welche Leistungen Sie für welche Gruppe von Kunden erbringen möchten und können. Eine Spezialisierung kann Sie, wenn Sie (noch) nicht vollständig über das nötige Rüstzeug verfügen, teuer zu stehen kommen, vor allem dann, wenn Sie in Personal und Sachgüter investiert haben. Eine detaillierte Kosten-Nutzen-Analyse ist also unabdingbar. Damit Sie den wahrscheinlichen Nutzen betragsmäßig überhaupt beziffern können, sollten Sie den Markt für Ihre Leistungen erforschen.

Bei einer Marktanalyse spielt auch Ihr Standort eine wesentliche Rolle. Ob ländlicher Raum, Kleinstadt mit oder ohne Einzugsgebiet oder Großstadt, ob industrieller Ballungsraum oder mehr dienstleistungsorientierte Unternehmen vorherrschen, bestimmt weitgehend die Interessen Ihrer Kunden. Und – auch das ist nahezu selbstverständlich – Sie dürfen die Konkurrenzsituation nicht außer Acht lassen. Die Konkurrenzsituation kann gegen eine Spezialisierung sprechen, wenn die Interessen der Kunden recht breit gestreut und einfach strukturiert sind, so dass nahezu jeder „beliebige“ Dienstleister aus der Branche deren Bedürfnisse genügt.

Wenn Sie über diese Grunddaten verfügen, können Sie – wiederum in Abhängigkeit von der finanziellen Leistungsfähigkeit und vom Leistungswillen Ihrer zukünftigen Kunden – das mögliche Honorarvolumen schätzen. Vorsichtig, im eigenen Interesse! Eine menschliche Eigenschaft aber sollten Sie bei allen Ihren Überlegungen nicht außer Acht lassen: Häufig wollen bestimmte Unternehmen keinen ortsansässigen Dienstleister, weil sie über dessen Kontakte zu anderen Unternehmen und deren Beratern befürchten, zu viel könnte „ausgeplaudert" werden. Diesen Befürchtungen begegnet auch kein Hinweis auf Ihre Verschwiegenheit.

1.8 Kundenbewertung – lukrative Kunden systematisch herausfiltern

Lassen Sie sich von der Erkenntnis leiten, dass nur 20 % der Kunden für ca. 80 % des Umsatzes verantwortlich sind (Pareto-Prinzip). Und in der Regel sind diese 20 % auch diejenigen Kunden, die 100 % des Unternehmensgewinnes bringen.

Entsprechend der allseits bekannten Tatsache, dass nur ein kleiner Teil der Kunden für einen Großteil Ihres Gewinns sorgt, sollten Sie

[1] die gewinnbringenden Kunden identifizieren und an sich binden bzw. fördern sowie

[2] die Beziehung zu Ihren Verlustkunden beenden.

Wie aber lassen sich die einzelnen Kundengruppen identifizieren? Hierfür bieten sich Ihnen die folgenden Instrumente an:

Kunden-ABC-Analyse: Bei der ABC-Analyse ordnen Sie Ihre Kunden zunächst nach Umsatzhöhe bzw. Umsatzerwartungen. Dann bilden Sie drei Kundenklassen: In Klasse A befinden sich die ersten 10 %, d.h. die umsatzstärksten Kunden. Der Klasse B gehören die nächsten 20 % Ihrer Klientel an, und die restlichen 70 % ordnen Sie der Gruppe C zu.

Als Konsequenz aus den Ergebnissen der ABC-Analyse lässt sich beispielsweise ableiten, dass Sie die A- sprich Top-Kunden noch intensiver bearbeiten und die Betreuung der C-Kunden erheblich zurückschrauben müssen (z.B. Ausdehnung der Besuchsintervalle und verstärkte Umstellung auf telefonische Betreuung). Die ABC-Analyse ist einfach zu handhaben, macht aber wenig Sinn bei Neukunden bzw. ausbaufähigen Kunden, da deren Potenzial häufig nicht erkannt wird.

ABC-Analyse der Unternehmensleistungen: Durch diese Analyse erhalten Sie Hinweise auf wenig umsatzträchtige Leistungen. Oft wird mit 20 % der Leistungen 80 % des Umsatzes erreicht.

ABC-Analyse der Deckungsbeiträge: So erfahren Sie, ob es in Ihrem Unternehmen gefährliche Deckungsbeitrags-Konzentrationen gibt oder sie sich abzeichnen. Ähnlich wie bei den Umsätzen verhält es sich mit den Deckungsbeiträgen (Pareto-Prinzip: 80:20-Regel)

Kundenpotenzialanalyse: Identifizieren Sie Aufbau-Kunden. Checken Sie ab, wie gut Ihre bisherige Potenzialausschöpfung pro Kunde ist. So erhalten Sie auch Anregungen für den weiteren Bedarf Ihrer Kunden.

1.9 Ermittlung des Marktvolumens

Gerade für Sie als „Jung-Unternehmer“ ist es interessant – und zukunftsweisend – sich nicht nur mit dem derzeitigen Kundenstamm zufrieden zu geben, sondern das Marktvolumen, z.B. regional oder nach Fachgebieten, zu erforschen. Der Vorteil: So können Sie eine Angebotspalette entwickeln, mit der Sie auch zukünftige Kunden nach Ihrem Studium ansprechen.

Die folgende Checkliste – nach verschiedenen Gesichtspunkten durchgearbeitet – kann Ihnen helfen, potenzielle Kunden zu ermitteln, zu strukturieren und Ihre Angebotspalette darauf abzustellen.

Checkliste Kundenmarkt-Volumen

- ❑ Wie ist die Altersstruktur?
- ❑ Wie hat sich die Altersstruktur in den letzten fünf Jahren verändert?
- ❑ Wie wird sich die Altersstruktur in den nächsten fünf Jahren verändern?
- ❑ Wie ist die Bildungsstruktur (Akademiker/Nicht-Akademiker)?
- ❑ Wie hat sich die Bildungsstruktur in den letzten fünf Jahren verändert?
- ❑ Wir wird sich die Bildungsstruktur in den nächsten fünf Jahren verändern?
- ❑ Wie ist die Unternehmens- und Berufsstruktur?

  Anteil Unternehmer:
    - produzierende Unternehmen
    - Dienstleister
    - Großunternehmen
    - mittelständische Unternehmen
    - Kleinunternehmer
    - Zulieferer

  Branchen/Berufsgruppen:
    - Anteil Selbständige und Freiberufler
    - Anteil Handwerker
    - Anteil Land- und Forstwirte
    - Anteil Angestellte

höhere Angestellte
mittlere Angestellte
Anteil Arbeitslose
Anteil Beamte

- ❑ Wie hat sich die Unternehmens- und Berufsstruktur in den letzten fünf Jahren verändert?
- ❑ Wie wird sich die Unternehmens- und Berufsstruktur in den nächsten fünf Jahren verändern?
- ❑ Wie ist die Kommunikationsstruktur (Stammtische, Anzahl E-Mail-Anschlüsse, Internet-Präsenz, ...)?
- ❑ Wie ist die Ortsgebundenheit (Pendler/Ansässige)?
- ❑ Wie hat sich die Ortsgebundenheit in den letzten fünf Jahren verändert?
- ❑ Wie wird sich die Ortsgebundenheit in den nächsten fünf Jahren verändern?
- ❑ Wie ist die Vereinslandschaft (hauptsächlich Ortsansässige oder Fremde als Mitglieder)?
  Anteil Kleinvereine
  Anteil Großvereine
  Anteil Spezialvereine (Golf, Reiter, Segler, ...)
- ❑ Wie hat sich die Vereinslandschaft in den letzten fünf Jahren verändert?
- ❑ Wie wird sich die Vereinslandschaft in den nächsten fünf Jahren verändern?

2 Die erfolgreiche Existenzgründung gut vorbereiten

2.1 Wie sieht Ihr Gesamt-Gründungskonzept aus?

Bevor Sie sich in die Selbstständigkeit stürzen, sollten Sie sich konzeptionelle Gedanken zu Ihrer Existenzgründung machen:

[1] Was ist Gegenstand meiner Geschäftsidee?

[2] Was sind die wirtschaftlichen Rahmenbedingungen für mein Business?

[3] Wie und Wo sollte ich meine Unternehmertätigkeit planen und aufnehmen?

[4] Wie leicht ist der Marktzutritt durch Dritte und wie sind die Wettbewerbsbedingungen?

[5] Wer sind meine Lieferanten und meine Zielgruppe als Kunden? Welche finanziellen Mittel benötige ich zum Start und zur Überbrückung der Anlaufphase?

[6] Und last but not least, bin ich überhaupt geeignet, fachlich wie persönlich, um den Anforderungen an eine Selbstständigkeit gerecht zu werden?

Alle diese Fragen sollten Sie sich vor Beginn einer Gründung stellen und diese für sich selber ehrlich und aufrichtig beantworten. Dazu sollten Sie sich im Vorfeld Ihrer Gründung viel Zeit nehmen und einen Master- oder Rahmenplan erstellen, der all die vorgenannten Punkte aufnimmt und kritisch hinterfragt. Denn eine Unternehmensgründung ist ein wichtiger Schritt im Leben eines Menschen und die Folgen können positiv wie negativ sehr weit reichend sein. Daher bedarf es einiger Mühe und Sorgfalt die notwendigen Entscheidungsschritte im Vorfeld der Existenzgründung aufzulisten und kritisch zu analysieren. Nur dann können

Sie sicher gehen, dass die Selbständigkeit als Alternative zum Angestellten oder gar verbeamteten Arbeitnehmer, für Sie die beste Lösung zur Erreichung ihrer Lebensziele ist.

Die nachfolgenden Kapitel sollen ihnen dabei helfen, die oben beschriebenen Fragestellungen zu systematisieren und so für sich im Rahmen eines Gesamtgründungskonzeptes die richtige Entscheidung zu treffen. Nehmen Sie sich hierzu Zeit, fragen Sie sich selbstkritisch immer wieder und legen Sie auch Wert auf die Meinung und das Urteil von Freunden, Bekannten und Mitgliedern Ihrer Familie. Diese werden Ihnen einen Spiegel vorhalten, in dem Sie sich erkennen können und so helfen, die richtigen Antworten zu finden.

Persönliche Voraussetzungen

Eine wesentliche Voraussetzung für eine erfolgreiche Existenzgründung und eine anschließende, tragfähige Selbstständigkeit ist das Vorliegen ganz spezieller persönlicher Eigenschaften des Gründers. Denn das Wohl und Wehe des Unternehmens hängt in weit überdurchschnittlichem Maße von der Person des Gründers ab. Dabei sollten allgemeine persönliche Eigenschaften wie

- robuste Gesundheit,
- Strebsamkeit,
- Durchhaltevermögen,
- Begeisterungsfähigkeit und auch
- Freude am Beruf

zu Ihren Attributen zählen. Denn Sie werden länger und härter arbeiten müssen, denn als Angestellter, zumindest in der Anfangsphase Ihres Unternehmens. Und Sie werden mehr Stress und Druck aushalten müssen, von Kunden wie von Lieferanten, von Kapitalgebern, wie von staatlichen Stellen. Hierzu sollten Sie unbedingt auf Ihre Gesundheit achten und einen disziplinierten Lebenswandel führen. Eine ausgeglichene Work-life-Balance hilft dabei, das umfangreiche Tagesgeschäft zu meistern.

Investieren Sie in Ihre Gesundheit, wie es ein Unternehmer auch zum Wohle seines Unternehmens in Maschinen, Ausstattungen und Mitarbeitern regelmäßig tut.

Zu den weiteren persönlichen Merkmalen gehört auch eine gewisse Portion Verkaufstalent, um Ihre Dienstleistungen und Produkte an die Frau oder den Mann zu bringen. Sie sind zukünftig oberster Verkäufer in eigener Sache und sollten hierzu auch ihren zukünftigen Mitarbeitern stets ein Vorbild sein. Von Vorteil ist dabei, schon in jungen Jahren Führungserfahrung gesammelt zu haben, sei es in der Schule, einer Jugendorganisation, einem Verein oder während des Studiums.

Neben erster **Führungserfahrung** sind auch Berufs- und Branchenerfahrungen wichtig. Haben Sie diese nicht, zum Beispiel als Student, so sollten Sie doch eine gewisse Affinität zu Ihrem zukünftigen Business mitbringen, gepaart mit Begeisterungsfähigkeit und starken Interesse. Die Einstellung und Vorstellung, sein Hobby zum Beruf zu machen, hilft ungemein bei der Bewältigung der schwierigen Anfangsjahre.

Auf einen weiteren wichtigen Punkt sei hier ausdrücklich hingewiesen. Sind Sie in der Lage und willens, vor allem in den Anfangsjahren auf Freizeit und Familie weitestgehend bewusst zu verzichten? Denn, wie schon oben gesagt, sie werden als selbständiger Unter-

nehmer mehr und härter arbeiten, um mit Ihrer Geschäftsidee Erfolg zu haben und sich eine wirtschaftliche und finanzielle Basis zu erarbeiten. Dazu gehört auch, sich selber immer wieder selbst motivieren zu können und einen disziplinierten Lebenswandel zu führen. Denn die wichtigste Ressource ihres jungen Unternehmens ist ihre eigene Arbeitskraft! Dazu müssen Sie sich immer wieder eigene Ziele setzen, diesen ehrgeizig nachgehen und konsequent umsetzen. Und das alles ohne den äußeren Druck eines Chefs.

Unternehmer-Typus

Untersuchungen über das Scheitern von Unternehmensgründungen zeigen, dass die Persönlichkeit des Gründers einen erheblichen Einfluss auf die Erfolgswahrscheinlichkeit einer Existenzgründung hat. (siehe Posluschny / von Schorlemer : Erfolgreiche Existenzgründungen in der Praxis, Oldenbourg Verlag ,1999 Wien und München, S. 21 ff.)

Neben den Merkmalen Marketing/Vertrieb, Forschung und Entwicklung und Finanzierung ist es vor allem der Bereich der Unternehmensführung, der für den Erfolg des Unternehmens steht.

Und bei letzterem steht wiederum, die Persönlichkeitsstruktur des Gründers an oberster Stelle. Es sind die Persönlichkeitsmerkmale des Gründers, die im hohen Maße für das Gelingen des der Existenzgründung und das Überleben des Unternehmens am Markt verantwortlich gemacht werden können. Dabei hat sich herausgestellt, dass es den einen Unternehmer-Typus nicht gibt. Es hat sich vielmehr bewahrheitet, dass sich eine erfolgreicher Gründer und Unternehmer durch eine ganze Anzahl von Persönlichkeitsmerkmalen ausweist und diese oftmals sich kumulieren oder ergänzen. Stellvertretend seien hierfür die Eigenschaften

- starkes Selbstbewusstsein,
- Beständigkeit,
- Selbstbeherrschung,
- Belastbarkeit,
- Mut und Risikobereitschaft,
- Begeisterungsfähigkeit,
- kommunikative Fähigkeiten,
- Umsicht und einen langen Atem

genannt. Nur dann ist es möglich, die so genannte Frühentwicklungsphase zu überstehen. Und diese dauert in der Regel drei bis fünf Jahre, je nach Branche und Rechtsform. Und währen dieser Phase geben bis zu 80 % aller Existenzgründer ihr Vorhaben wieder auf, freiwillig zumeist, manchmal aber auch unfreiwillig durch Insolvenz.

Aber auch in schwierigen Phasen der Unternehmensentwicklung sind die vorgenannten positiven Eigenachaten gefragt. Erst dann zeigt sich, ob Unternehmer in der Lage sind, das Unternehmen erfolgreich zu führen und es auf die Erfolgsspur zurück zu bringen. Schönwetterkapitäne werden sie genannt, Unternehmer mit Charisma und positiven Außenauftritt zum Kunden und Lieferanten, aber mit wenig Beständigkeit und Durchhaltevermögen in schwerer See.

Darum gilt auch hier: Prüfen Sie sich sorgfältig, ob Sie die persönlichen Eigenschaften, das Durchsetzungsvermögen und die erforder-

liche Beständigkeit eines erfolgreichen Unternehmer haben. Holen Sie sich Rat und Rückmeldung. Ansonsten droht Ihrem Vorhaben früher oder später das wirtschaftliche Aus in unserer wettbewerbsorientierten Marktwirtschaft.

Gründerfähigkeit: sachliche Voraussetzungen

Erste sachliche Voraussetzung für die Existenzgründung ist, dass sie als zukünftiger Unternehmer zum Zeitpunkt der Existenzgründung voll **geschäfts- und rechtsfähig** sind. Nur dann ist es für sie möglich, rechtswirksame und verpflichtende Geschäfte mit Kunden und Lieferanten, Banken und sonstigen Geschäftspartner abzuschließen können.

Weitere Voraussetzung ist, dass das Gewerbe oder die freiberufliche Tätigkeit beim zuständigen Finanzamt vor Beginn ordnungsgemäß angemeldet wird. Danach gehören aber auch die verpflichtenden Mitgliedschaften bei Kammern wie der Industrie- und Handelskammer (IHK) und der Handwerkskammer zu den weiteren Voraussetzungen der selbstständigen Tätigkeit. Zu beachten sind, dass evtl. in manchen Berufen ein Mindestqualifikation oder auch eine qualifizierte Berufsausbildung bis hin zum Meistertitel in einigen zulassungspflichtigen Handwerken obligatorisch sind. Auch unterliegen mache Branchen einer Geschäftserlaubnis, wie z.B. im Versicherungs- und Bank-Gewerbe oder bei den Apotheken. Hier sollte man sich rechtzeitig vorab informieren, um nicht bei der Anmeldung eine böse Überraschung zu erfahren.

Neben den formal-juristischen Voraussetzungen sind es vor allem die auch die **unternehmerischen Überlegungen**, die vor einer Existenzgründung durchdacht und geprüft werden müssen. Hierzu gehören die u. a.

- die Rechtsformwahl,
- die Standortwahl,
- die Mindestkapitalvorschriften in einigen Rechtsformen,
- oder auch die Überlegung zwischen den Alternativen Betriebs-Neugründung vs. Betriebsübernahme
- oder auch die Beteiligung an einem bereits bestehenden Unternehmen.

Oftmals kann es sinnvoll sein, sich zu beteiligen oder auch mit einem Partner zu gründen oder zu übernehmen, anstatt das unternehmerische Risiko einer Existenzgründung alleine zu tragen.

Ein weiterer Aspekt der sachlichen Voraussetzungen ist das Wissen um die **Pflichten und Rechte eines Unternehmers.** Hier geht es für den Existenzgründer um das Wissen und die Anwendung von

- arbeitsrechtlichen,
- sozialversicherungsrechtlichen und
- vertragsrechtlichen

Vorschriften, für deren Einhaltung er letztendliche als Unternehmer verantwortlich ist und auch haftbar gemacht werden kann.

Hier sei dem werten Leser dringend empfohlen, sich vor Gründung des Unternehmens bei berufsständigen Experten wie Steuerberatern und Rechtsanwälten, oder auch Behörden und sonstigen Dienstleistern fachmännischen Rat einzuholen.

Es gibt also eine ganze Menge von Dingen, die vor eine Existenzgründung bedacht werden müssen. Es empfiehlt sich daher, im Vorfeld des Vorhabens sich nicht nur Gedanken über das Vorliegen der persönlichen und sachlichen Voraussetzungen Gedanken zu machen, sondern diese auch schriftlich zu fixieren. Denn oftmals ist nicht nur sinnvoll, einen Existenzgründungsbericht für sich selbst zu erstellen, um Klarheit zu erlangen und Gedanken reflektieren zu können. Zudem ist es oft einfach zwingend notwendig, eine solchen zu erstellen, da er z.B. von Kapitalgebern, Bürgschaftsnehmern oder auch Subventionsträgern verlangt wird.

2.2 Ihr Existenzgründungsbericht

Wie bereits im vorigen Kapitel erwähnt, ist nicht nur für den eigenen Erkenntnisgewinn sinnvoll, sondern oftmals schlicht zwingend notwendig, einen Bericht über das eigene Vorhaben der Existenzgründung anzufertigen. Die Vorteile für den Gründer selbst liegen dabei vor allem darin, **zukünftige Geschäftspartner** vom geplanten Vorhaben zu überzeugen. Es zeugt von einer ausgewiesenen Professionalität im Herangehen an das eigene Unternehmertum.

Weiterer Vorteil ist, dass er die Erfolgsaussichten durch durchdachtes und strukturiertes Niederschreiben des Vorhabens erhöht werden. Geschäftspartner erlangen so leichter die Gewissheit, es mit einem vorausschauenden und vertrauensvollen Unternehmer zu tun zu haben. Gleichzeitig werden somit die Risiken der Unternehmensgründung verringert, da Strukturen und Abläufe, sowie Abhängigkeiten frühzeitig aufgedeckt und entsprechend berücksichtigt werden können. Daraus ergibt sich die Möglichkeit, den Existenzgründungsbericht im Rahmen der Unternehmenssteuerung einzusetzen und darauf aufbauend ein Controlling-System zur Erfolgskontrolle zu entwerfen und zu implementieren.

Denn alle Teilberichte des Existenzgründungsberichtes müssen aufeinander aufbauen und in einander greifen.

Und letztendlich ist er schlicht eine wesentliche Voraussetzung zur Kapitalbeschaffung bei Eigenkapital- und Fremdkapitalgebern. Ohne eine ausführliche Darstellung der Wirtschaftlichkeit des Gründungsvorhabens wird es schwer sein, entsprechende Kapitalgeber zu finden.

Da dieser Existenzgründungsbericht sowohl für den Unternehmer selbst, als auch für die aktuellen und zukünftigen Geschäftspartner von großer Bedeutung ist, soll im nun folgenden Kapitel auf den Aufbau und den Inhalt eines Business-Planes näher eingegangen werden.

2.3 So erstellen Sie einen Businessplan

In der Literatur haben sich in den letzten Jahren gewisse Standardisierungen bei der Erstellung von Business-Plänen herauskristallisiert. Diese variieren jedoch im Aufbau bezüglich auf Ihres vorgesehenen Verwendungszweck: So sind Business-Pläne von Existenzgründungsvorhaben deutlich stärker gegliedert, da alle Teilbereiche der unternehmerischen Tätigkeit aufgeführt und geplant werden, als z.B. ein Business-Plan für den Bereich Restrukturierung / Kostensenkung innerhalb eines einzelnen Geschäftsbereiches. Wobei der inhaltliche Umfang auch wiederum deutlich unterschiedlich sein kann.

*Dabei gilt die **Faustformel**: je lokaler das Business desto begrenzter der Umfang, je globaler das Geschäftsmodell, desto ausführlicher die Ausführungen zu den einzelnen Kapiteln.*

Trotz aller Standardisierung kann die Reihenfolge der Gliederungspunkte oder die Kapitelaufteilung im Einzelfall variieren. Die relevanten Inhalte sind dagegen ähnlich fast überall gleich definiert.

Die einzelnen Gliederungspunkte sind:

[1] Unternehmen und Management: Hier werden das Unternehmen und alle Gründungsmitglieder mit ihren Qualifikationen aufgeführt.

[2] Unternehmens- und Rechtsform: Die aktuelle Gesellschaftersituation, die gewählte Rechtsform und die Gründe hierfür werden aufgeführt

[3] Produkte und Dienstleistungen: Hier wird die Produkt- oder Dienstleistungs-Idee vorgestellt und der Kundennutzen beschrieben.

[4] Markt und Wettbewerb: Es werden Markt- und Branchendaten aufgeführt und somit eine Markteinschätzung abgegeben.

[5] Marketing und Vertrieb: Die Strategie zum Markteintritt wird aufgeführt und die verschiedenen Marketing-Instrumente zum Erreichen des Vertriebsziels beschrieben.

[6] Finanz- und Liquiditätsplanung: es wird der errechnete Kapitalbedarf dargestellt, sowie eine Plan-Gewinn- und Verlustrechnung aufgestellt, sowie Liquiditätsplanung gezeigt.

Wie bereits beschrieben, können der Umfang und die Tiefe des Businessplan von Fall zu Fall unterschiedlich sein. Keinesfalls differieren sollten Anspruch und Wirklichkeit in Bezug auf die sorgfältige Bearbeitung des Inhalts. Unternehmen und Ihre Gründer müssen sich auch später noch, vor allem vor dem Hintergrund einer evtl. negativen Entwicklung des Gründungsvorhabens zu Recht die Frage nach der ursprünglichen Plausibilität der Planzahlen gefallen lassen. Auch dies sagt dann u. U. viel über die Qualität der persönlichen und fachlichen Voraussetzungen des Unternehmensgründers aus.

3 Lästige Formalitäten – aber sie müssen sein

3.1 Gründungsformalitäten

Bevor Sie so richtig in Ihre Selbstständigkeit starten können, müssen Sie an ungeheuer Vieles denken. Da übersieht man leicht etwas. Umso ärgerlicher, je „selbstverständlicher" das Übersehene war. Sie haken nach der folgenden Checkliste einfach ab, ob Sie bestimmte Sachen tun müssen oder nicht. Und wenn Sie etwas in Angriff nehmen müssen, haben Sie mit dieser Checkliste leicht die Kontrolle darüber, ob Sie es bereits erledigt haben oder nicht.

Allgemeine Formalitäten

Formalität notwendig	**ja**	**nein**	**erl.**
Gewerbeanmeldung bei Gemeinde	❐	❐	❐
Anmeldung bei der Industrie- und Handelskammer	❐	❐	❐
Anmeldung bei der Handwerkskammer	❐	❐	❐
Anmeldung bei der Innung	❐	❐	❐
Anmeldung bei der Berufsgenossenschaft	❐	❐	❐
Anmeldung bei einem Berufs- oder Handelsverband	❐	❐	❐
Anmeldung beim Handelsregister	❐	❐	❐
Anmeldung Firmenfahrzeug	❐	❐	❐
Ummeldung Privat-Pkw als Firmenfahrzeug	❐	❐	❐
Anmeldung Urlaubskasse	❐	❐	❐
Baugenehmigungen einholen	❐	❐	❐

Umwidmungsgenehmigungen einholen	❒	❒	❒
Anmeldung Arbeitsamt (Betriebsnummer)	❒	❒	❒
Arbeitsamt / Überbrückungsgeld	❒	❒	❒
Anzeige der Aufnahme des Betriebs beim Finanzamt	❒	❒	❒
Steuernummer beantragen	❒	❒	❒
Umsatzsteuer-Identifikations-Nummer beantragen	❒	❒	❒
Gestaltung Homepage	❒	❒	❒
Druck von Briefpapier	❒	❒	❒
Druck von Visitenkarten	❒	❒	❒
Druck von Quittungsblöcken	❒	❒	❒
Scheckkarte beantragen	❒	❒	❒
Electronic Banking beantragen	❒	❒	❒
Daten- und Telefonleitungen beantragen (Geschwindigkeit, Anzahl der Apparate, Voraussetzungen mobile Endgeräte)	❒	❒	❒
Datenbankzugang beantragen	❒	❒	❒
Eintrag Telefonbuch	❒	❒	❒
Eintrag Branchenbuch / gelbe Seiten	❒	❒	❒
Internet-Adresse	❒	❒	❒
E-Mail-Adresse beantragen	❒	❒	❒
Eintrag in Suchmaschinen	❒	❒	❒

Entsorgung (Müll) sicherstellen / Genehmigungen einholen	❐	❐	❐
Wasseranschluss	❐	❐	❐
Stromanschluss	❐	❐	❐
Vertragsentwurf Gesellschaftsvertrag	❐	❐	❐
Vertragsentwurf Franchisevertrag	❐	❐	❐
Vertragsentwurf Kaufvertrag	❐	❐	❐
Vertragsentwurf Pachtvertrag	❐	❐	❐
Entwurf Allgemeine Geschäftsbedingungen	❐	❐	❐
Warenbestandshöhe bestimmen	❐	❐	❐
Entwurf Werbeplan	❐	❐	❐
Zeitungsanzeigen	❐	❐	❐
Wurfsendungen	❐	❐	❐
Betriebliche Versicherungen prüfen	❐	❐	❐
Private Versicherungen prüfen	❐	❐	❐

3.2 Versicherungs-Check

Als Student sind Sie höchstwahrscheinlich weder in dem Alter noch in der familiären Situation, dass Sie sich bereits intensive Gedanken über Ihre eigene Versicherungssituation gemacht haben. Wenn Sie mit dem Gedanken spielen, sich selbstständig zu machen, dürfen Sie diesen Aspekt nicht außen vor lassen.

Eine persönliche Versicherung, die Sie definitiv benötigen ist eine Risikolebensversicherung. Ohne sie werden Sie von keiner Bank auch nur einen Cent Kredit (und auch ein überzogenes Konto ist ein Kredit – und zwar einer der auf Dauer teuersten!) erhalten.

Wie jeder, der ein Unternehmen neu gründet, können auch Sie schon durch kleine Katastrophen finanziell in Bedrängnis geraten. Andererseits können Sie sich keine hohen Beiträge für Versicherungen leisten, denn „ausgerechnet dafür" haben Sie bestimmt kein Geld. Kaufen Sie sich Schutz ein, aber nur den Schutz, den Sie und Ihr Unternehmen wirklich brauchen! Lassen Sie sich nicht aus Abneigung vor dem „Schreibkram" dazu verleiten, dem „erstbesten" Versicherungsvertreter zu glauben. Auch er will Geld machen und lebt von seinen Provisionen. Etwas Eigeninitiative müssen Sie also auch zeigen und sich – etwa übers Internet, über die Stiftung Warentest oder bei Freunden und Bekannten – kundig machen.

Unternehmens- und Unternehmerversicherungen

Je nachdem, welches Unternehmen Sie gründen wollen, sollten Sie die spezifischen Risikoszenarien und deren Wahrscheinlichkeit vor Augen führen.

Betriebshaftpflicht, am besten eine solche, bei der auch Sie als Unternehmer mitversichert sind. Falls Sie dies nicht haben, sollten Sie den Abschluss einer privaten Haftpflichtversicherung überdenken. Legen Sie dann aber unbedingten Wert darauf, dass auch unternehmerische Risiken (Sie werden von einem Kunden verklagt und müssen sich wehren) mit versichert sind.

Feuer: Hier handelt es sich im Schadenfall immer um ein existenzbedrohendes Risiko, das Sie von Anfang an versichern sollten. Achten Sie auf eine Deckungssumme, die dem aktuellen Wert Ihres Betriebs entspricht.

Leitungswasserversicherung: falls ein Rohrbruch größere Schäden anrichten kann: Kein Computer mag es, „geduscht" zu werden.

Betriebsunterbrechungsversicherung: Ein Einbruch, ein Stromausfall führt zum völligen Stillstand – die Kunden wollen Schadenersatz.

Einbruchdiebstahl- und Raub: Ihr Laptop wird geklaut, Ihr Büro aufgebrochen ...

Produkthaftpflichtversicherung: falls Fehler in von Ihnen hergestellten, importierten oder weiterverarbeiteten Teilen Ihre Kunden gefährden kann.

Risikolebensversicherung: Auch Unternehmer sind vor Krankheit und Tod nicht gefeit. Als Jungunternehmer hängt Ihr gesamter Betrieb von Ihnen ab. Wenn Sie sterben, muss gewährleistet sein, dass zumindest die finanziellen Folgen Ihres Todes abgesichert sind. Heißt: Geld aus einer Risikolebensversicherung bekommen Ihre Erben nur dann, wenn Sie „tatsächlich" sterben. Mit einer Kapitallebensversicherung würden Sie Geld ansparen, das Ihnen im Alter ausbezahlt werden würde, wenn Sie nicht vorher sterben. Das ist zwar die „schönere", aber halt auch deutlich teurere Variante und damit für Studenten, die ein Unternehmen gründen, anfangs wohl eher nicht realisierbar.

Sozialversicherung bei studierenden Unternehmern

Als immatrikulierter Student sind Sie versicherungspflichtig in der gesetzlichen **Krankenversicherung** (GKV), und zwar bis zum Ende des 14. Fachsemesters, höchstens jedoch, bis Sie 30 Jahre alt sind. Sie können sich innerhalb von drei Monaten nach Eintritt dieser Versicherungspflicht davon für die Dauer Ihres Studiums befreien lassen.

Als Student sind Sie in aller Regel bei Ihren **Eltern** mitversichert, ohne dafür eigene Beiträge bezahlen zu müssen. Das gilt solange, bis sie 25 Jahre alt sind.

Sind Sie bereits verheiratet, können Sie auch über Ihren Ehepartner mitversichert sein, gleichgültig, wie alt Sie sind.

Wichtig: Sie haben dann, wenn Sie eigenes Einkommen in einer bestimmten Höhe haben, keinen Anspruch mehr auf die ***Familienhilfe*** *und sind dann auch nicht mehr „automatisch" krankenversichert. Die Einkommensgrenze beträgt ein Siebtel der monatlichen sozialversicherungsrechtlichen Bezugsgröße, die in aller Regel jährlich neu festgesetzt wird. Ausnahme: Sie sind Minijobber, üben also eine geringfügige Beschäftigung aus. Dann dürfen Sie 450 Euro im Monat (= Grenze Stand 2016) verdienen, ohne dass Ihre Mitversicherung gefährdet ist.*

Wenn Sie Ihr Unternehmen als **Kapitalgesellschaft**, also als haftungsbeschränkte Unternehmergesellschaft, als GmbH oder Aktiengesellschaft gründen, können Sie Ihr Gehalt, das Sie von Ihrer Firma erhalten, selbst bestimmen. Und wer hindert Sie daran, „nur" 450 Euro im Monat zu verdienen, um Ihre Mitversicherung nicht zu gefährden? Niemand, dennoch müssen Sie auch in solchen Fällen aufpassen, denn Sie müssen dem „Bild eines Studenten" entsprechen. Das tun Sie nicht, wenn Sie Ihr Hauptaugenmerk nicht (mehr) auf das Studium, sondern auf Ihre Erwerbstätigkeit richten.

Die **Krankenkassen** prüfen, ob Sie einen Beruf oder eine selbstständige Tätigkeit in der Woche zu 20 Stunden und mehr ausüben. Tun Sie das, sind Sie nicht mehr schwerpunktmäßig Student. Dann enden Ihre Versicherungspflicht und damit auch die Versicherungsfreiheit der Beschäftigung in der Krankenversicherung, Pflegeversicherung und Arbeitslosenversicherung.

Ausnahme: Sie können nachweisen, dass Sie vor allem an den Wochenenden, abends oder nachts, in den Semesterferien oder der vorlesungsfreien Zeit für Ihr Unternehmen arbeiten. Dann haben Sie eine gewisse Chance, dass Sie, obwohl Sie mehr als 20 Stunden arbeiten, auch weiterhin versicherungstechnisch als Student „durchgehen".

Wenn Sie **hauptberuflich selbstständig** tätig sind, sind Sie – gleichgültig, ob Sie die 20-Stunden-Grenze überschreiten oder einhalten – nicht mehr versicherungspflichtig in der Krankenversicherung und Pflegeversicherung (§ 5 Absatz 5 Fünftes Sozialgesetzbuch / SGB V). Renten- und Arbeitslosenversicherung stehen auf einem anderen Blatt! Ihre bisherige Krankenversicherungspflicht endet, egal ob es sich um die Versicherung als Student oder Familienangehöriger handelt.

Hauptberuflich selbstständig sind Sie dann, wenn Ihre Erwerbstätigkeit von der wirtschaftlichen Bedeutung und dem zeitlichen Aufwand her die übrigen Erwerbstätigkeiten zusammen deutlich übersteigt und den Mittelpunkt der Erwerbstätigkeit darstellt. In diese Beurteilung sind selbstständige Tätigkeiten Unternehmer oder als Künstler oder Publizist mit einzubeziehen. Wenn Sie in Ihrem Unternehmen auch nur einen Arbeitnehmer beschäftigen, der kein Minijobber ist, sind Sie grundsätzlich hauptberuflich selbstständig tätig.

Wenn Sie Unternehmer sind, dann sind Sie nicht versicherungspflichtig in der **Arbeitslosenversicherung.**

Richtig spannend wird es, wenn Sie einerseits studieren, daneben einen Job haben und zusätzlich auch noch selbstständig tätig sind. Dann nämlich wird geprüft, wo Ihr Schwerpunkt liegt. Auf dem Studium? Auf der Erwerbstätigkeit? Beträgt die Erwerbstätigkeit (Selbständigkeit und Job) mehr als 20 Stunden wöchentlich, sind Sie pflichtig in der Arbeitslosenversicherung für alle Tätigkeiten über die über der Geringfügigkeitsgrenze (450 Euro Stand 2016) liegen.

Die Möglichkeit einer freiwilligen Versicherung gegen Arbeitslosigkeit besteht. Sie wurde eingeführt, damit sich auch Existenzgründer dann, wenn Ihre Idee doch nicht trägt, gegen Arbeitslosigkeit absichern konnten. Doch zwischenzeitlich ist wegen der satten Erhöhung der Beiträge eine Frage des Geldes, ob sich die freiwillige Versicherung lohnt. Viele Gründer entscheiden sich dagegen.

Als selbstständig Tätiger sind Sie in der Regel befreit von der gesetzlichen **Rentenversicherung.** Ausnahme: Sie gehören zu dem Personenkreis, dessen selbständige Tätigkeit in § 2 des Sechsten Sozialgesetzbuchs (SGB VI) genannt sind, also z.B. selbstständige Lehrer, Krankenpfleger oder Künstler, also auch Journalisten).

Wird neben der selbständigen Tätigkeit auch noch eine nichtselbstständige Tätigkeit ausgeübt, sind Sie also irgendwo anders noch angestellt, dann besteht Rentenversicherungspflicht auch bei Minijobs (= 450 Euro monatlich oder weniger, Stand 2016).

4 So finanzieren Sie Ihr zukünftiges Unternehmen

Ein wesentlicher Punkt Ihres Existenzgründungsberichtes ist das Kapitel Finanzierung. In diesem muss ausgeführt sein, wie Sie Ihr Unternehmen auf solide finanzielle Beine stellen wollen. Hierzu ist es notwendig, sich im Vorfeld der Gründung intensive Gedanken über nachstehende Punkte zu machen. Als Hilfsmittel bietet sich an, eine Check-Liste mit den nachstehenden Kapiteln anzulegen und diese sorgfältig und systematisch zu bearbeiten.

4.1 Kosten- und Kapital-Check

In einem ersten Schritt sollten Sie sich Klarheit über Gründungskosten und die Anfangsinvestitionen machen. Zu den Gründungskosten zählen z.B. Beratungskosten, Notargebühren, Anmeldungen und Genehmigungen. Die Anfangsinvestitionen können z.B. Geschäftsausstattung, Maschinen und Werkzeuge, Einrichtungen und Büroausstattung, Fuhrpark und Materialkosten sein. Aus der Summe der Gründungs- und Investitionskosten ergibt sich dann als Summe Ihr notwendiges Anfangs- oder Startkapital. Denken Sie bitte daran, dies sind nur die benötigten Geldmittel vor Aufnahme des Geschäftsbetriebes!

Die laufenden Ausgaben und Einnahmen nach Start ihres Unternehmens müssen im Punkt Finanzplan und Liquiditätsplan berücksichtigt und geplant werden.

4.2 Eigenkapital-Check

Hier gilt der Grundsatz: Keine Existenzgründung ohne Eigenkapital!

Denn Eigenkapital ist das finanzielle Fundament eines jeden Unternehmens. Es dient zur Finanzierung des Unternehmens und sichert es vor der bilanziellen Überschuldung ab. Wird es als Barmittel bei der Gründung eingebracht, verbessert es die Liquidität in der Anfangsphase des Unternehmens. Und es verringert somit den anfänglichen Bedarf an Fremdkapital, dessen Beschaffung vor allem in der Unternehmens-Frühphase sehr schwierig ist. Zudem werden durch Kredite schon kurz nach dem Start Zinsen und Tilgungen fällig, die die Liquidität, den Zahlungsmittelbestand also, des jungen Unternehmens schon frühzeitig belasten. Zumal in der Anfangsphase des Unternehmens die Ertragslage i.d.R. noch negativ ist und so der Kapitaldienst zusätzlich belastend auf der Ausgabenseite des Unternehmen wirkt. Daneben führt eine hohe Fremdverschuldung schon sehr früh zu einer gewissen Abhängigkeit von Fremdkapitalgebern.

Eigenkapital hingegen steht dem Unternehmen zunächst unbefristet zur Verfügung und unterliegt keinen Rückzahlungsansprüchen von Kapitalgebern. Dabei spielt es keine Rolle, aus welchen Quellen das Eigenkapital stammt:

- Eigenes, erspartes Geld,
- Geld von „Family and Friends“ oder
- Geld von Geschäftspartnern (Investoren).

Bei letzteren sollten auch die so genannten Frühphasenfinanzierer wie Venture-Capital-Gesellschaften und auch Private-Equity-Gesellschaften nicht unerwähnt bleiben. Diese stellen Risikokapital in der Start- und Anfangsphase zur Verfügung, planen aber nach erfolgreichem Start des Unternehmens in der Wachstumsphase ihre Anteile mit sehr hohen Gewinnen an Dritte oder den Unternehmer selbst wieder zu veräußern. Da sie vor allem am schnellen monetären Erfolg des Unternehmens interessiert sind, werden sie als Finanzinvestoren bezeichnet. Ganz im Gegensatz zu strategischen Investoren, die sich an Unternehmen beteiligen um für sich und das Investitionsobjekt in einer Art „Win-win-Situation“ wie z.B. durch das Heben gemeinsamer Synergien auf der Umsatz- oder Kostenseite, den Nutzen zu mehren. Auch gilt, sich den Partner für eine Beteiligung sorgfältig auszusuchen und dessen Interessenlage genau zu analysieren. Ansonsten droht evtl. ein böses Erwachen, wenn unterschiedliche Vorstellungen über die Geschäftsführung zu Streitigkeiten und ggfs. zu Zerwürfnissen führen.

Eine weiter moderne Form der Eigenkapitalfinanzierung ist das so genannte „**Crowdfunding**“ oder „**Crowdinvesting**“, das ins Deutsche mit dem Begriff „Schwarmfinanzierung“ übersetzt wird. Dabei handelt es sich um viele Eigenkapitalgeber, die sich als Internet-Nutzer auf einer Web-Plattform in Gruppen formieren. Da diese Art der Eigenkapitalfinanzierung noch recht jung ist (in Deutschland z.B. erst seit 2010) liegen noch keine „wirklich“ belastbaren Erfahrungen über den Erfolg dieser Finanzierungsform vor. Allerdings sind die Zuwachszahlen, sowohl der Anbieter im Internet, als auch die vermittelten Volumina stark steigend. Für Existenzgründer also durchaus eine Überlegung wert, sich mit dieser jungen und innovativen Finanzierungsform näher zu beschäftigen.

Allgemeiner Vorteil der Eigenkapitalfinanzierung ist, dass alle vorgenannten Eigenkapitalgeber zunächst einmal keine Rückzahlungsansprüche an das Unternehmen haben. Das heißt aber nicht, dass sie für immer und ewig als Eigenkapitalgeber und damit Miteigentümer im Unternehmen engagiert bleiben müssen. Der Weiterverkauf ihrer Anteile an einen anderen Investor steht ihnen selbstverständlich offen. Dass man sich mit diesen Investoren bestimmte Mitspracherechte ins Haus holt, sollte an dieser Stelle nicht unerwähnt bleiben. Auch haben Investoren einen deutlich höheren Verzinsungsanspruch in Form von Gewinnausschüttungen und Dividenden, da sie ja auch mit Eigenkapital am Risiko des Scheiterns ihres Unternehmens beteiligt sind. Andererseits haben Sie keinen Anspruch auf Gewinnbeteiligung, sollte die Ertragslage des Unternehmens in der Frühphase noch negativ sein.

Es bedarf also im Rahmen der **Gründungsfinanzierung** nicht nur einer möglichst hohen Eigenkapitalausstattung, sondern auch die Wahl der Eigenkapitalgeber sollte sorgsam und umsichtig erfolgen.

Grundsätzlich gilt aber abschließend für die Finanzierung des Anfang-Kapitalbedarfs folgender Merksatz: *So viel Eigenkapital wie möglich, sowenig Fremdkapital als nötig!*

Dass die Höhe der eingebrachten und vorhanden Eigenmittel auch noch in Bezug auf die Bonität eines Unternehmens hat (Stichwort: Rating), werden wir noch in Kapitel 4.10 erfahren.

4.3 Fremdkapital-Check

Wie schon im vorigen Kapitel beschrieben bestimmt der Eigenkapitaleinsatz die Höhe der benötigten Fremdmittel. Diese werden definiert als Zahlungsmittel, die von Dritten, nicht am Unternehmen beteiligten Kapitalgebern, dem Unternehmen kurz- mittel-, oder langfristig zur Verfügung gestellt werden.

Wesentliches Kennzeichen von Fremdkapital ist das Fehlen von Mitbestimmungs- und Kontrollrechten in der Unternehmensführung, *die erfolgsunabhängige Rückzahlungsverpflichtung mittels Tilgungen, sowie die bevorzugte, vorrangige Rechtsstellung des Gläubigers im Insolvenzverfahren.*

Fremdkapitalgeber haben somit **keinen direkten Einfluss** auf die Unternehmensführung, andererseits besteht durch die ertragsunabhängigen Zins- und Tilgungsvereinbarungen eine gewisse Abhängigkeit vom Fremdkapitalgeber, sowie ein wirtschaftlicher und finanzieller Druck durch regelmäßig zu leistende Aus- und Rückzahlungsverpflichtungen. Dies kann insbesondere in Zeiten einer Unternehmenskrise für den Unternehmer und sein Umfeld eine enorme psychische Belastung darstellen.

Bei der Fristigkeit der Fremdkapitalmittel ist zusätzlich auf die Einhaltung der **goldenen Finanzierungsregel** zu achten, die besagt, dass langfristige Anlagegüter langfristig (Fristenkongruent) finanziert werden sollen, kurzfristiges Umlaufvermögen (Betriebsmittel wie Roh-, Hilfs- und Betriebsstoffe, Waren oder auch Forderungen aus Lieferung und Leistung) kurzfristig finanziert werden können. Die Einhaltung dieser Regel hat wiederum positive Auswirkungen auf das Rating und die finanzielle Stabilität des Unternehmens.

Die wichtigste Form von Fremdkapital ist dabei im kurzfristigen Bereich der **Betriebsmittelkredit**, manchmal auch als Kontokorrent-Kredit bezeichnet. Er dient zur Finanzierung des kurzfristigen Umlaufsvermögens, das sich im Wesentlichen aus Betriebsmittel, Waren und Forderungen aus Lieferung und Leistung zusammen setzt. Er wird entweder befristet auf ein Jahr oder „b.a.W." (bis auf Weiteres) ausgereicht. Er muss also entweder jährlich verlängert werden, oder gilt „bis auf

Weiteres", wobei letztgenannte Befristung offen ist und somit die Gefahr der vorzeitigen Kündigung durch den Fremdkapitalgeber vorliegt.

*Der Betriebsmittelkredit ist relativ **teuer** und seine Verzinsung bemisst sich an der Bonität des Kreditnehmers. Er sollte von der Höhe her ausreichend bemessen sein, um z.B. auch längerer Zahlungsziele seitens Kunden auffangen zu können (siehe hierzu auch Kapitel 4.4 Debitorenmanagement).*

Zweite wichtige Finanzierungsform bei den Fremdkapitalmitteln ist der **Investitionskredit**. Er wird mittel- bis langfristig von Banken ausgereicht und dient der Finanzierung von langfristigen Anlagevermögen. Hierunter fallen sowohl die Finanzierung von Immobilien, als auch Maschinen und Anlagen, sowie Fuhrpark. Wie schon vorstehend erwähnt, sollte nach der goldenen Finanzierungsregel die Finanzierungslaufzeit mit der der Nutzungszeit des Anlagengutes übereinstimmen. Die steuerliche Bemessungsgrundlage der AfA (Absetzung für Abnutzung) kann hierfür ein guter Indikator sein.

Abschließend sei erwähnt, dass für die Ausreichung von Fremdkapital von Banken i.d.R. **Sicherheiten** in Form von materiellen Gütern und personellen Verpflichtungen seitens des Unternehmers verlangt wird.

- Im ersteren Fall dient das finanzierte Wirtschaftsgut der Bank als Sicherheit für den Fall der Insolvenz durch bilanzielle Überschuldung oder Zahlungsunfähigkeit.

> ▶ Im zweiten Fall wird vom Unternehmer zumeist zuzüglich der materiellen Sicherheiten eine persönliche Mitverpflichtung in Form einer selbstschuldnerischen Bürgschaft verlangt. Diese soll im Insolvenzfall dafür sorgen, dass auch das private Vermögen des Unternehmers zur Befriedigung der Ansprüche der Bank gegen das Unternehmen herangezogen werden kann. Und zusätzlich hat die Bank im Insolvenzfall ein Druckmittel gegen den Unternehmer in der Hand, ihr bei der Abwicklung der Insolvenz im Allgemeinen und bei der Verwertung der Sicherheiten im speziellen noch behilflich zu sein. Insbesondere das Eingehen einer persönlichen Bürgschaft sollte vom Existenzgründer oder Unternehmer kritisch bedacht werden, da diese zwar meistens mit einem Höchstbetrag versehen ist, die Laufzeit aber in der Regel nicht begrenzt wird. Dies ist wiederum vor dem Hintergrund einer Unternehmenskrise zu sehen, die im Verlauf eines Unternehmens-Lebens durchaus auftreten kann.

Auch hier gilt, wie beim Eigenkapital, den Geschäftspartner für die Fremdkapitalmittel sorgsam auszuwählen. Dieses Thema wird Gegenstand des Kapitels 4.7 sein.

4.4 Debitorenmanagement

Das Verwalten und Beitreiben von **ausstehenden Zahlungen**, die durch Forderungen aus Lieferung und Leistung entstanden sind, ist eine der wichtigsten Aufgaben des betrieblichen Finanzmanagements. Denn hier geht es um Zahlungsmittel, die dem Unternehmen zustehen (sofern es seine Leistungen vertragskonform erbracht hat) und die zur Begleichung der laufenden, regelmäßigen Ausgaben wie Mieten und Löhne dringend benötigt werden. Es ist daher unumgänglich, mittels eines systematischen und aktuellen Mahnwesens immer für einen termingerechten **Zahlungseingang** zu sorgen. Hierbei sollte sich der Existenzgründer auch nicht durch seine Schuldner unter Druck setzen lassen, da er ja noch frisch im Geschäft ist und noch kein wichtiger Marktteilnehmer ist. Notfalls müssen durch den Gründer auch Dritte, wie z.B. Inkasso-Büros, hinzugezogen werden, um berechtigte Zahlungsansprüche durchzusetzen.

Ein Alternative zum eigenen Debitorenmanagement kann dabei das **Factoring** sein. Mit Hilfe eines Factoring-Instituts werden alle Forderungen aus Lieferung und Leistung an dieses verkauft („outgesourced") und damit der Einzug der Forderungen diesem professionellen Finanzdienstleiter übertragen. Durch den Verkauf aller Forderungen gehen dabei alle Rechte und Pflichten an den Factor über, auch das Risiko des Zahlungsausfalls.

Factoring als Alternative übernimmt dabei drei wichtige Funktionen:

[1] Finanzierungsfunktion: Das Unternehmen bekommt sofort nach Verkauf seiner Forderungen 80 bis 90 % der Rechnungssumme als Vorschuss durch den Factor ausbezahlt. Den Restbetrag nach vollständiger Begleichung der Rechnung.

[2] Delkredere-Funktion (Versicherungsfunktion): Mit dem Verkauf der Forderungen geht auch das Risiko des Zahlungsausfalls auf den Faktor über. Ein Rückgriffsrecht seitens des Factors besteht nicht.

[3] *Dienstleistungsfunktion: Die allgemeine Verwaltung und das Mahnwesen gehen ebenfalls auf den Factor über. Dieser ist nun alleine verantwortlich für das Beibringen der ausstehenden Zahlungen.*

Factoring ist damit ein modernes Instrument des Finanzmanagements und gewinnt immer mehr Anhänger. Es kann gerade für junge Unternehmen mit einer noch schwachen Kapitalbasis und angespannten Liquidität als eine echte Alternative zum eigenen Debitorenmanagement gesehen werden. Dass es neben den Kosten für die Vorfinanzierung (Zinsen), die Versicherungs- (Prämien) und Dienstleistungsfunktion (Gebühren) noch weitere Nachteile wie z.B. den verringerten Kundenkontakt hat, soll an dieser Stelle nicht unerwähnt bleiben.

Um die Vorteilhaftigkeit eines Factoring-Einsatzes zu prüfen, bietet sich an, ein konkretes Angebot eines Factors mit den Alternativen bezüglich der einzelnen Funktionen (wie unter 1. bis 3. oben dargestellt) zu vergleichen: Bei der Finanzierungsfunktion mit den Zinsen für einen Zessionskredit der Bank (Kredit gegen Abtretung der Forderungen aus Lieferung und Leistung). Bei der Delkredere-Funktion die Prämien zu vergleichen mit denen einer reinen Warenkreditversicherung. Und bei der Dienstleistungsfunktion einen Kostenvergleich zwischen Gebühren des Factors und den eigenen Kosten für das Verwaltungs- und Mahnwesen vorzunehmen.

4.5 Bürgschafts-Check

Oftmals wird Fremdkapital von Banken nicht vergeben, weil zum Start des Unternehmens keine oder nur unzureichende Sicherheiten seitens des Unternehmens oder Unternehmers für den Fall des Zahlungsausfalls (Insolvenz) gestellt werden können. Um diese Situation zu entschärfen, wird seitens der Kreditgeber oftmals eine Bürgschaft des Unternehmers für sein Unternehmen, oder eine Bürgschaft eines Dritten, nicht am Unternehmen beteiligten Bürgen verlangt.

Hierbei ist darauf zu achten, dass die Bürgschaft der Höhe nach **begrenzt** ist und ggfs. zeitlich **befristet** gegeben wird. Denn der Unternehmer sollte sich im Klaren sein, dass bei einer drohenden Insolvenz, vor allem auf Grund mangelnder Zahlungsfähigkeit, die Bank den Kredit aufgrund ihres vertraglichen, außerordentlichen Kündigungsrechtes fällig stellen wird, den Saldo innerhalb von zwei Wochen zur Rückzahlung verlangt und den oder die Bürgen aus ihrer Bürgschaftsverpflichtung in Anspruch nehmen werden. Die Übernahme einer Bürgschaft sollte daher seitens des Bürgschaftsgebers wohlüberlegt sein und im Zweifel versucht werden die Bürgschaftsübernahme durch die Stellung anderweitiger Sicherheiten zu ersetzen.

Eine weitere Form der Bürgschaftsübernahme ist die durch eine Bürgschaftsbank in Verbindung mit einer Hausbank ausgestellte Bürgschaft zu Gunsten eines Gründungskredites. Diese **Ausfallbürgschaft** kommt immer dann zum Tragen, wenn zum Zeitpunkt der Kreditvergabe für das Obligo der Hausbank zu geringe Sicherheiten gestellt werden können. Die verbleibende Sicherungslücke wird dabei von der Bürgschaftsbank geschlossen und im Insolvenzfall die Hausbank in Höhe dieses Betrages schadlos gehalten. Für diese Bürgschaftsübernahme ist eine Prämie zu bezahlen, die sich nach Höhe und Risikogehalt des Gründungkredites richtet. Beantragt wird die Bürgschaft, genauso wie ein Förderdarlehen, über die Hausbank, die für die Beantragung, Bearbeitung und den Abruf der Förderdarlehen, sowie die Ausreichung der Ausfallbürgschaft sorgt. Hierfür erhält seitens der Förderbanken und der Bürgschaftsbank eine Art Aufwandsentschädigung, die aber im Vergleich mit den zu erzielenden Margen bei Hausbank-Darlehen eher gering sind. Dies ist mitunter auch der Grund, warum einige Hausbanken die Beantragung von Fördermitteln erst gar nicht anbieten – oder nur auf Nachfrage sehr ungern diese dann doch mit beantragen.

> Da die Förderdarlehen und Ausfallbürgschaften aber von den zu zahlenden Zinsen und Gebühren her sehr interessant sind, sollte der Existenzgründer keinesfalls auf diese wichtigen Bausteine seiner Gründungsfinanzierung verzichten und mit Nachdruck die Beantragung durch seine Hausbank fordern.

4.6 Alternative Finanzierungen

Neben der Eigenkapital- und Fremdkapitalfinanzierung spielen alternative, ausserbilanzielle Finanzierungsformen eine zunehmend wichtigere Rolle. Diese Finanzierungen finden nicht in der Bilanz des Unternehmens ihren Niederschlag und werden auch häufig als alternative Finanzierungsformen bezeichnet.

Das **Factoring**, also der Verkauf der Forderungen aus Lieferung und Leistung an einen externen Factor haben wir bereits kennen gelernt. Hierbei werden die

Forderungen extern vorfinanziert und fließen als Vorauszahlung dem Unternehmen bereits vor der eigentlichen Fälligkeit zu.

Eine weitere Form ist das **Leasing**. Dabei werden Wirtschaftsgüter durch das Unternehmen nicht gekauft und fremdfinanziert über eine Bank, sondern in einer Art Miete von einer Leasinggesellschaft für eine bestimmte Nutzungsdauer gegen Zahlung einer Leasinggebühr zur betrieblichen Nutzung geleast. Wenn bestimmte Finanzierungsregeln und Bedingungen eingehalten werden (demnach ist Grundvoraussetzung für die Zurechnung des Gegenstandes, also das so genannte wirtschaftliche Eigentum, zum Leasinggeber, dass die Grundmietzeit des Leasingvertrages mindestens 40% und maximal 90 % der betriebsgewöhnlichen Nutzungsdauer des Leasingobjektes beträgt), erfolgt die Bilanzierung des Wirtschaftsgutes beim Leasinggeber und nicht beim leasenden Unternehmen.

Die bilanziellen Vorteile der **Bilanzverkürzung** mit der Folge der erhöhten Eigenkapitalquote werden somit erreicht. Daneben hat Leasing den Vorteil, dass es viele Gestaltungselemente bezüglich der Höhe der Leasingraten, z.B. durch Vereinbarung einer An- oder Abschlusszahlung oder auch einer individuellen Regelung bezüglich der Übernahme oder des Kaufs des Wirtschaftsgutes am Ende der Laufzeit, zulässt.

Oftmals werden diese Finanzierungsformen auch als **„off-balance"-Finanzierungen** bezeichnet, da die Finanzierungsquelle außerhalb des eigentlichen Unternehmens und dessen Bilanz liegt. Als Folge hieraus ist festzuhalten, dass, wenn kein wirtschaftliches Eigentum vorliegt, durch diese Finanzierungsformen die Handelsbilanz des Unternehmens nicht tangiert wird, lediglich die Gewinn- und Verlustrechnung ist durch Aufwand, Zinsen, Gebühren und Prämien belastet. Die Bilanz wird daher nicht verlängert, da die Wirtschaftsgüter nicht bei Unternehmen bilanziert werden (Leasing), bzw. sogar verkürzt, weil die Forderungen aus Lieferung und Leistung nach Verkauf an den Factor aus der Bilanz entschwinden (Factoring). Dies hat zur Folge, dass sich die Bilanzrelationen sich verändern, die Bilanzsumme verringert sich und der relative Eigenkapitalanteil (Eigenkapitalquote) steigt. Dies hat deutliche Auswirkungen auf das Unternehmens-Rating, da die Eigenkapitalquote neben dem Cashflow die wichtigste Kennzahl bei der Erstellung des Ratings darstellt.

Alternative oder auch außerbilanzielle Finanzierungsformen haben daher einen positiven Einfluss auf die Bonität des Kreditnehmers, die durch das Rating ermittelt wird. Zusätzlich helfen sie, die Finanzierungsquellen zu diversifizieren und somit eine eventuell Abhängigkeit von einem oder wenigen Finanzierungspartner zu verhindern.

4.7 Kreditgeber-Check

Wie schon in Kapitel 4.3 angedeutet, kommt der Auswahl der Kreditgebers für Fremdkapitalfinanzierung eine wichtige Bedeutung zu. Dies vor allem vor dem Hintergrund, dass eine einmal eingegangene Bankverbindung auf der Kreditseite normalerweise sich über Jahre, wenn nicht Jahrzehnte streckt. Umso wichtiger ist es, zu Beginn einer Unternehmensgründung sich Gedanken über die strategische Ausrichtung des eigenen Finanzierungsvorhabens, als auch die des zukünftigen Finanzierungspartners zu machen. Als besonders erfolgreich hat sich dabei die Diversifizierung von Finanzierungsquellen erwiesen. Darunter versteht man das Einbinden möglichst vieler, unterschiedlicher Finanzierungspartner im Rahmen eines Finanzierungskonzeptes.

Die wichtigste Gruppe der Finanzierungspartner ist dabei die der **Universalbanken**. Darunter werden die so genannten drei Säulen des deutschen Kreditgewerbes subsumiert:

- die Geschäftsbanken,
- die Sparkassen und
- die Genossenschaftsbanken.

Hier sollte man sich als Existenzgründer möglichst einen Finanzierungspartner vor Ort wählen, der gut erreichbar ist, einen guten Service bietet und in der Region als anerkannter und verlässlicher Bankpartner bekannt ist. Auch sollte man sich über die wirtschaftliche Situation seines Bankpartners informieren. Denn Banken, die sich z.B. in einem Restrukturierungsprozess befinden sind häufig stärker mit sich selbst beschäftigt, denn mit Ihren Kunden. Fragen Sie daher auch die Familie, Freunde und Bekannte, welche Erfahrungen Sie mit welchem Bankpartner gemacht haben. Und recherchieren Sie in Presse und Internet über das Geschäftsgebaren Ihres möglichen zukünftigen Bankpartners. Es wird sich langfristig lohnen, hier etwas mehr Zeit und Kraft zu investieren.

Neben der Auswahl des geeigneten Finanzierungspartners sollte auch die Anzahl der benötigten Banken betrachtet werden. Denn auch hier gilt: *Wettbewerb belebt das Geschäft!* So sollten nach Gründung des Unternehmens in der Frühphase **mindestens zwei Bankpartner** gewählt werden, einer für die Existenzgründungsfinanzierung und ein zweiter für den laufenden Geschäftsumsatz. Dabei sollten die Umsätze gleichmäßig verteilt werden, um beiden Bankpartnern das Gefühl der Wichtigkeit zu vermitteln.

Ein weiterer Punkt bei der Auswahl des Bankpartners ist die Wahl des geeigneten **Ansprechpartners**. Da auch Bankgeschäfte nach wie vor von Menschen entschieden und bearbeitet werden, kommt dem „Nasenfaktor" eine wichtige Rolle zu. Neben den fachlichen Qualifikationen sollte der Bankbetreuer sich auch durch ein Verständnis und Interesse an Ihrem Business auszeichnen. Nur wenn Sie als Existenzgründer nach dem ersten Kontakt zu einem Bankpartner das Gefühl haben, hier ist jemand interessiert an meiner Geschäftsidee und hält diese für realisierbar, sollten Sie sich mit diesem einlassen. Dass das bedeutet, unter Umständen mehrere Bankgespräche zu führen, sei an dieser Stelle ausdrücklich erwähnt.

Und zum Abschluss dieses Kapitels sei nochmals auf die Bereitschaft des Bankpartners zur Beantragung und **Durchleitung von öffentlichen Fördermitteln** hingewiesen. Nur wenn diese vorhanden ist, die zinsvergünstigten und eventuell verbürgten Förderdarlehen auch aktiv anzubieten und auszureichen, sollten Sie einer Bankpartnerschaft näher treten.

4.8 Fördermittel-Check

Bei der Gründung eines Unternehmens gibt es eine Vielzahl von öffentlichen Förderprogrammen

- der EU,
- des Bundes und
- der einzelnen Bundesländer.

Sie sind wirtschaftspolitische Instrumente zur Förderung von Existenzgründungen, sowie innovativen und umweltorientierten Investitionsvorhaben.

Diese **Förderprogramme für Gründungsvorhaben** zeichnen sich durch

- vergünstigte, d.h. subventionierte Zinskonditionen,
- lange Tilgungszeiten und
- teilweise tilgungsfreie Zeiten nach Auszahlung des Darlehens

aus. Bei der Vergabe von Förderdarlehen gilt das **Hausbankprinzip**, das heißt, dass die Förderbanken keine Kredite direkt vergeben, sondern der Kreditnehmer immer über seine Hausbank gehen muss. Diese beantragt für den Kreditnehmer die Förderdarlehen und leitet sie nach Genehmigung an den Kreditnehmer durch. Als wichtigste Förderbank sei an dieser Stelle die **KfW** Kreditanstalt für Wiederaufbau genannt, eine Förderbank des Bundes. Diese vergibt eine Vielzahl von geförderten Krediten, vor allem für

- innovative und umweltschonende Investitionsvorhaben,
- Export- und Projektfinanzierungen, sowie vor allem auch
- Existenzgründungsdarlehen.

Für letztgenannte Vorhaben der Gründung von Unternehmen ist dabei innerhalb der KfW-Bankengruppe die KfW-Mittelstandsbank verantwortlich.

*Diese bietet als Informationsplattform eine äußerst informative Homepage, auf der auch die drei wichtigsten **Förderinstrumente** aufgeführt sind:*

[1] das Startgeld

[2] das Mikro-Darlehen

[3] der Unternehmerkredit

Diese Finanzierungsbausteine können kombiniert werden und bauen dann aufeinander auf. Alle drei Varianten von Existenzgründungsdarlehen weisen trotz ihrer Unterschiedlichkeit einige Gemeinsamkeiten auf, wie die besonders günstigen Konditionen, die lange Laufzeit und die teilweise für mehrere Anfangsjahre aussetzbare Tilgung. Es sollten daher im Rahmen einer Existenzgründung und Gründungsfinanzierung immer auch öffentliche Fördergelder beantragt werden.

Eine Alternative zu den Förderdarlehen des Bundes sind die aus den einzelnen Bundesländern. Alle deutschen **Bundesländer** haben eine eigene Förderbank, die sich neben der Gründungsfinanzierung auch um die Gestaltung des Strukturwandels z.B. mittels Regionalförderprogrammen kümmert.

*Exemplarisch sei an dieser Stelle die Förderbank des Landes Baden-Württemberg genannt, die **L-Bank** Staatsbank für Baden-Württemberg. Diese vergibt u.a. das Programmdarlehen „GuW Gründungs- und Wachstumsfinanzierung". Oftmals sind Förderdarlehen* *der Förderbanken aus den einzelnen Bundesländern noch günstiger als die vorgenannten KfW-Mittel, da Sie sich über die KfW refinanzieren und eine weitere Zinssubvention vornehmen. Eine detaillierte Darstellung aller Förderbanken und deren Programmen würde den Umfang dieses Kapitels sprengen. Der interessierte Existenzgründer wird aber hiermit ermutigt, sich entweder selbst über die Websites der einzelnen Förderinstitute zu informieren, oder diesbezüglich seine vielleicht schon vorhandene Hausbank zu beauftragen, dieses für ihn zu tun.*

4.9 So erstellen Sie einen Finanz- und Liquiditätsplan

Um die jederzeitige Zahlungsfähigkeit ihres Unternehmens zu gewährleisten, bedarf es einer zielgerichteten und kontinuierlichen Finanz- und Liquiditätsplanung.

Diese wird in der Regel in drei Bereiche unterteilt:

[1] Liquiditätsplanung

[2] Finanzplanung

[3] Kapitalbedarfsplanung

Bei der **Liquiditätsplanung** geht es um die taggenaue Planung von Zahlungsströmen, also erwarteten Ein- und Auszahlungen in einem Zeitraum von einer Woche bis einem Monat. Dabei wird entweder auf Tagesbasis oder Wochenbasis geplant.

Der **Finanzplan** baut ebenfalls auf den prognostizierten Zahlungsströmen auf, sein Planungshorizont ist aber länger angelegt, i.d.R. auf bis zu einem Jahr. Ergänzt werden die beiden vorgenannten Planungs- und Steuerungs-Instrumente durch die **Kapitalbedarfsrechnung**. Diese baut nicht auf Zahlungsströmen auf, sondern basiert in erster Linie auf Bilanzpositionen und deren Planansatz.

Für den Existenzgründer dürfte aber vor allem in der Frühphase seines Unternehmens der Liquiditätsplan zur Steuerung der täglich verfügbaren Zahlungsmittel von größter Bedeutung sein.

Daher sei hier nun nachstehend der Aufbau eines solchen Liquiditätsplanes schematisch und sehr grob nur dargestellt. Der **Liquiditätsplan** baut immer auf dem vorhandenen Zahlungsmittelbestand auf.

Dieser setz sich zusammen aus:
[1] Kassenbestand
[2] Bankguthaben

Danach werden die zu erwartenden Zahlungseingänge einer Periode (Tag/Woche/Monat) unterteilt nach Plan- und Istwerten aufaddiert.

Diese setzen sich z.B. zusammen aus
[1] Barverkäufen
[2] Anzahlungen
[3] Forderungen

Die Summe dieser Positionen ergibt die Gesamteinnahmen, von denen nun in einem zweiten Schritt die regelmäßigen und unregelmäßigen Auszahlungen wie

[1] Löhne und Gehälter
[2] Materialaufwendungen
[3] Bareinkäufe
[4] Mieten
[5] Versicherungen
[6] Zinsen
[7] Steuern etc.

abgezogen werden. Die Summe der Einzahlungen verringert um die Summe der Auszahlungen ergibt nun den neuen Zahlungsmittelbestand der Periode.

Diese sehr einfache Aufstellung, die sich ohne großen Aufwand selbst mittels MS-Excel erstellen lässt, muss nun nur noch regelmäßig bezüglich Soll- und Istwerten gepflegt werden, um schnell und kompakt eine Überblick über die aktuelle und zukünftige Liquidität des Unternehmens zu gewährleisten. Vor allem die vorausschauende Liquiditätsentwicklung lässt zukünftige Liquiditätsengpässe frühzeitig erkennen und hilft so Gegenmaßnahmen leichter und schneller zu ergreifen. Diese Liquiditätsübersicht kann auch sehr gut als Informationsmedium für die kreditgebende Bank eingesetzt werden. Einerseits um mögliche Liquiditätsengpässe mit dem Bankbetreuer frühzeitig diskutieren und ein Überbrücken vereinbaren zu können.

Andererseits zeigt dieses Instrument eine vorausschauende, weitsichtige unternehmerische Handlungsweise auf, die positiv im Bereich qualitative Faktoren bei der Erstellung des Ratings durch die Bank positiv berücksichtig werden kann.

4.10 Was Sie über das Rating wissen müssen

Seit der Einführung von Basel II als Spielregel für alle Banken, gewinnt auch das Rating für Existenzgründer perspektivisch immer mehr an Bedeutung. Basel II bedeutet dabei, dass die Banken gehalten sind, zum eigenen Schutz vor Kreditausfällen, die Ausfallwahrscheinlichkeit eines jeden Kreditnehmers, bezogen auf einen Zeitraum von 12 Monaten, zu beurteilen und dementsprechend die Kreditvergabe intern zu steuern. Dies bedeutet, dass ein Kreditnehmer unter Umständen keinen Kredit mehr erhält, oder nur noch zu erhöhten Zinskonditionen. Denn die Ausfallwahrscheinlichkeiten der Banken werden als Risikokosten kalkuliert und in die Zinskonditionen als Preisbestandteil für Unternehmenskredite einkalkuliert. Und da Risiko bezahlt werden muss, ergeben sich am Markt für Unternehmensfinanzierungen sehr unterschiedliche, Risiko-adäquate Zinskonditionen für die einzelnen Kreditnehmer.

Prinzipiell spielt zwar das bankinterne Rating bei der ersten Kreditvergabe an Existenzgründer noch keine allzu große Rolle, da Erfahrungswerte und wirtschaftliche Ist-Zahlen zur Beurteilung der Bonität zu diesem Zeitpunkt noch nicht, oder nur sehr unvollständig vorliegen. Jedoch schon mit der Aufnahme der Geschäftstätigkeit sollte der Unternehmer sich Gedanken über die zukünftige Ge-

staltung seiner wirtschaftlichen Verhältnisse und der Finanzierungsgrundlagen seines Unternehmens machen.

Hierzu sollte der Jungunternehmer wissen, dass alle Banken aufgrund des Kreditwesengesetzes (KWG) verpflichtet sind, vor der Kreditvergabe, sich über die wirtschaftlichen Verhältnisse des Kreditnehmers zu informieren. Bei bestehenden Unternehmen erfolgt dies durch Vorlage des letzten, aktuellen Jahresabschlusses, sowie weiterer, unterjähriger Zahlen (z.B. BWA Betriebswirtschaftliche Auswertungen). Bei Existenzgründern sind dies eine persönliche Selbstauskunft, den Planzahlen aus dem Business-Plan, oder erste Ist-Zahlen, soweit schon vorhanden.

Spätestens jedoch mit **Vorlage des ersten Jahresabschlusses** wird auch für Unternehmensgründer das Thema Rating aktuell. Denn es bestimmt ab nun die zukünftigen Spielregeln der Kreditvergabe. Es erscheint daher sinnvoll, schon frühzeitig sich mit diesem Thema zu befassen, um das junge Unternehmen mit einer guten Bonität du damit Kreditwürdigkeit auszustatten. Hierzu ist wichtig zu wissen, dass die Ratings der einzelnen Bankengruppen (Geschäftsbanken, Sparkassen und Genossenschaftsbanken) zwar unterschiedlich, aber in ihrer Systematik ähnlich und durch Transformationstabellen vergleichbar sind.

Systemimmanent ist zunächst die Zweiteilung in

[1] quantitative Faktoren und

[2] qualitative Faktoren,

wobei erstere auf den harten Fakten aus dem Jahresabschluss und den sonstigen betriebswirtschaftlichen Zahlenwerk basieren und die zweite Gruppe aus den weichen Faktoren

- Planung
- Steuerung
- Informationsverhalten
- Markt- und Produkt
- Wertschöpfungskette
- u.a.

besteht.

Die quantitativen Faktoren haben dabei ein stärkeres Gewicht und bestimmen somit die Grundtendenz des Ratings. Die qualitativen Faktoren, die subjektiv durch den Bankbetreuer eingepflegt werden müssen, runden das Rating auf einer Tabelle nach oben oder unten ab.

Was sind nun aber die „Stellschrauben" für ein bankinternes Rating? Und wie kann ich diese prophylaktisch beeinflussen?

Bei den harten, quantitativen Faktoren sind es vor allem zwei Kennzahlen, die das Rating maßgeblich beeinflussen:

[1] die Eigenkapitalquote und

[2] der Cashflow.

Eine hohe **Eigenkapitalquote** sichert das Unternehmen vor der Insolvenz aufgrund bilanzieller Überschuldung ab.

Ein positiver, hoher **Cashflow** hingegen (wie immer er sich auch errechnet, aufgrund der verschiedenen Möglichkeiten) sichert die Zahlungsfähigkeit des Unternehmens und schützt damit ebenfalls vor der Insolvenz. Diese beiden Kennzahlen sind es, die es positiv zu beeinflussen gilt. Sind beide gut, bestehen gute Chancen auf ein gutes Gesamt-Rating.

Nicht so eindeutig ist hingegen die Bedeutung der weichen, qualitativen Faktoren zu bewerten. Diese sind viel ausgewogener und nicht so dominant, so dass in diesem Zusammenhang nur darauf hingewiesen werden kann, diese weichen Faktoren durch ein offenes Informationsverhalten dem beurteilenden Bankbetreuer transparent zu machen und sie in einem möglichst positiven Licht erscheinen zu lassen.

In diesem Zusammenhang noch einige allgemein gültige Aussagen im Umgang mit Ihren Bankpartnern:

- Seien Sie offen und ehrlich im Informationsverhalten.
- Stellen Sie dabei durchaus Ihre persönlichen Stärken und positiven Elemente Ihres Gründungsvorhabens selbstbewusst heraus.
- Und, treten Sie nicht als Bittsteller auf, sondern als überzeugter Unternehmer in eigener Sache.

Aber machen Sie bitte nicht den Fehler, Ihre Gesprächspartner zu unterschätzen. Diese sind meistens sehr gut ausgebildet und haben reichlich Erfahrung in der Finanzierung von Existenzgründungen, sowohl mit solchen die gut gegangen sind, als auch mit denen, die aus welchen Gründen auch immer nicht den von beiden Seiten, Unternehmer und Bankpartner, erhofften Erfolg gebracht haben.

4.11 Wie legen Sie das Geld Ihres Unternehmens richtig an?

Nun werden Sie als Existenzgründer sicher nicht gleich zu Beginn ihres Unternehmertums über erhebliche freie Zahlungsmittel verfügen, sondern eher mit der Finanzierung ihres Unternehmens und dem Erwirtschaften des zu zahlenden Kapitaldienstes gut beschäftigt sein. Trotzdem soll an dieser Stelle kurz auf ein paar Grundsätze der Geldanlage und Investierens eingegangen werden. Einer der wichtigsten Grundweisheiten der modernen Finanztheorie lautet dabei:

Liquidität geht vor Rentabilität!

Da die Zinsstrukturkurve normalerweise eine ansteigende Form ausweist, d.h. je länger die Laufzeit einer Geldanlage, desto höher die Verzinsung, liegt die Versuchung nahe, durch möglichste lange Anlagezeiten die Rendite der Geldanlage zu erhöhen. Da jedoch mit der längerfristigen Geldanlage oftmals die Verfügbarkeit durch Kündigungsmodalitäten erschwert ist, oder der Rückzahlungsbetrag bei einer vorzeitigen Rückzahlung während der Laufzeit variieren kann, ist von einer mittel- bis langfristigen Geldanlage zumindest zu Beginn des Unternehmens abzusehen. Allenfalls eine leichte Spreizung der Anlagedauer für Mittel, die für das Tagesgeschäft wirklich nicht benötigt werden ist anzuraten. Die kurz- und mittelfristigen Laufzeiten sollten aber nach wie vor bevorzugt werden.

Denn die jederzeitige Zahlungsfähigkeit des Unternehmens bezüglich aller regelmäßigen und außerplanmäßigen Zahlungsverpflichtungen, ist eine der Grundvoraussetzungen um am Markt bestehen zu können.

Ein weiterer Ratschlag aller Geldanlage-Profis lautet:

Don´t put all balls in one basket!

Was so viel heißt, dass man unter dem Gesichtspunkt der **Risikostreuung** seine Geldmittel immer auf verschiedenen Anlageformen verteilen sollte. Dadurch können eventuelle Verluste in einer Anlageform durch eine oder mehrere andere kompensiert oder zumindest verringert werden.

Eine weitere Überlegung betrifft die Geldanlage bei der Kreditgebenden Hausbank. Es kann unter Umständen sinnvoll sein, sei Geldanlage bei einer anderen Bank, als der Hausbank vorzunehmen. Dies hat weniger mit dem Verbergen von Werten und Schätzen zu tun, als ganz pragmatisch mit der Sicherung von benötigten Zahlungsmitteln vor dem Zugriff der Hausbank. Denn sollte es einmal zu einer Liquiditäts- und Unternehmenskrise kommen, hat die kreditgebende Bank aufgrund ihrer AGB ein Pfandrecht auf alle Guthaben des Kreditnehmers. Und kann somit die Zahlungsunfähigkeit und letztendlich die Insolvenz des Unternehmens heraufbeschwören.

Aber nicht nur die Streuung der Anlagemittel auf verschiedenen Anlageformen und verschieden Bankpartner sollte ein Unternehmer beherzigen. Spätestens seit den letzten Finanz- und Weltwirtschafts-Krisen sollten sich Geldanleger auch Gedanken über einen sicheren und umsichtig agierenden Bankpartner für das eigene Geld machen. Dies gilt auch über die verschiedenen Einlagensicherungsfonds, dem die Bank angehört. Inwieweit ist in einer Bankenkrise mein Geld durch diese Sicherungseinrichtung abgedeckt? Insbesondere gilt dies, wenn ausländische Kreditinstitute, mit vermeintlichen Zins-Sonderangeboten um inländische Geldanleger werben. So sollte der Geldanleger im allgemeinen, der Existenzgründer aber im Besonderen, besonders vorsichtig und zurückhaltend agieren. Einen Zinsverlust hinnehmen zu müssen, ist deutlich günstiger, als sein Bestes zu verlieren, nämlich sein Geld!

5 Rechtsformen für Unternehmen

5.1 Überblick über mögliche Rechtsformen

Grundsätzlich wird unterschieden zwischen

- **Personenunternehmen**, also Einzelunternehmen, Gesellschaften bürgerlichen Rechts und offener Handelsgesellschaft (OHG) sowie Kommanditgesellschaft (KG) und
- **Kapitalgesellschaften**, vornehmlich GmbH, haftungsbeschränkte Unternehmergesellschaft und Aktiengesellschaft.

*Wichtig: Nicht jedes Unternehmen ist eine **Firma**, auch wenn im allgemeinen Sprachgebrauch (vor allem in Süddeutschland) ein Unternehmen immer „eine Firma" oder „ein Geschäft" ist. Juristisch ist Unternehmen eine organisatorische Geschäftseinheit, die am Wirtschaftsverkehr teilnimmt, und damit der Überbegriff. „Firma" wird nur für Kaufleute benutzt (§ 17 Abs. 1 HGB: Die Firma ist der Name, unter dem er seine Geschäfte betreibt und die Unterschrift abgibt). Nicht-Kaufleute können sich natürlich ebenso unter einem Namen am allgemeinen Wirtschaftsverkehr beteiligen. Für Ihre Geschäftsbezeichnung gelten die Vorschriften des Bürgerlichen Gesetzbuchs, hauptsächlich § 12 und § 823 Abs. 1 BGB. Weder ein Kaufmann noch ein Nicht-Kaufmann aber darf seinem Unternehmen einen irreführenden Namen geben.*

Der Hauptunterschied zwischen Personenunternehmen und Kapitalgesellschaften besteht in der **Haftung**: Während bei Einzelunternehmen und auch bei Personengesellschaften die Gesellschafter zumindest teilweise auch mit ihrem Privatvermögen für die betrieblichen Schulden haften, ist bei Kapitalgesellschaften die Haftung auf das Gesellschaftsvermögen beschränkt.

In der Regel – Ausnahmen bestätigen diese, sind aber genau normiert – gibt es keinen Durchgriff durch die Gesellschaft hindurch auf die hinter ihr stehenden Gesellschafter und deren Vermögen.

Ein **Vorteil der Personengesellschaften**: Sie können problemlos und damit kostengünstig gegründet werden. Bei einem Einzelunternehmer genügt der Gewerbeschein oder – wenn er einen freien Beruf ausübt – noch „ein Türschild". Personengesellschaften können ihre Verträge formfrei schließen, was also im Idealfall außer dem gesunden Menschenverstand auch wenig Weiteres erfordert.

Kapitalgesellschaften dagegen sind schon in der Gründung wegen der Beurkundungspflicht der Verträge und der Eintragung ins Handelsregister teurer. Aber auch in der Folge sind sie wegen der Bilanzierungs- und Steuerpflichten teurer als Personengesellschaften.

Steuerlich gesehen bezahlen Einzelunternehmen und Personengesellschaften keine Steuern – die Steuern auf den Gewinn zahlen die Unternehmer!

Steuerlich spricht man übrigens dann, wenn man von Kapitalgesellschaften redet, von Körperschaften. Die Begriffe sind nicht völlig deckungsgleich – für die hier interessierenden Fälle, namentlich die AG und die GmbH oder die haftungsgeschränkte UG aber besteht kein Unterschied. Eine Kapitalgesellschaft zahlt selbst Steuern auf ihren Gewinn. Wenn sie ihn an die Gesellschafter ausschüttet, müssen diese den Gewinn nochmals versteuern.

Natürlich werden hier nicht alle möglichen und zulässigen Rechtsformen aufgezeigt, sondern „nur" diejenigen, die für Sie als Existenzgründer während des Studiums interessant sein können.

5.2 Einzelunternehmer / Selbstständige

Ein Einzelunternehmen ist ein Unternehmen, das von einer einzelnen Person gegründet wurde und geführt wird. Ob der Einzelunternehmer Mitarbeiter beschäftigt oder nicht, ist völlig gleichgültig.

Häufig sprechen Unternehmer von sich nicht als Unternehmer, sondern als Selbstständige. Ein wirkliches Abgrenzungsmerkmal gibt es nicht. Auch Unternehmer sind selbstständig. Wahrscheinlich ist der Unterschied darin, dass Unternehmer auch heute noch sehr oft mit Handel und Gewerbe (wie im Steuergesetz definiert) gleichgesetzt wird, während ein Selbstständiger auch freiberufliche Tätigkeiten oder Dienstleistungen erbringen kann.

*Ein **Einzelunternehmer haftet voll**, also nicht nur mit dem Vermögen seines Unternehmens, sondern auch mit seinem Privatvermögen.*

Deshalb ist – gesetzlich – auch kein Mindestkapital zur Gründung vorgeschrieben. Sobald der Einzelunternehmer sein Unternehmen gründet, bestimmt er, ob und wenn ja, welche Teile seines Privatvermögens ins Unternehmen eingelegt werden und zum Betriebsvermögen werden.

Auch ein Einzelunternehmer muss Bücher führen und – wenn sein Unternehmen eine gewisse Größe erreicht hat – handelsrechtlich bilanzieren und eine Steuerbilanz erstellen. Meistens erstellt er eine Einheitsbilanz, indem er eine Bilanz nach steuerlichen Gesichtspunkten erstellt, die dann auch als Handelsbilanz gilt.

Ein Einzelunternehmer unterliegt grundsätzlich den Regelungen des Bürgerlichen Gesetzbuchs (BGB).

Ein Einzelunternehmer kann sich ins **Handelsregister** eintragen lassen. Dann darf er auch ein Firma, also einen eigenen Namen für sein Unternehmen führen. Dass er ins Handelsregister eingetragen und sich damit freiwillig den Regelungen des Handelsgesetzbuchs (HGB) unterwirft, macht der Unternehmer durch den Zusatz „eingetragener Kaufmann" oder „eingetragene Kauffrau" bzw. „e. K.", „e. Kfm" oder „e. Kfr" deutlich (§ 19 HGB).

Wer als Einzelunternehmer nicht ins Handelsregister eingetragen ist, verwendet meist seinen eigenen Namen auch als Unternehmensname. Hinweise auf die Tätigkeit oder Branche sind zulässig. Auch „Uschi's Suppenküchelchen – Ursula Klein" wird toleriert, auch wenn es sich dabei nicht um eine Firmierung im rechtlichen

Sinn, sondern um eine frei wahlbare „Geschäftsbezeichnung“ oder auch „Etablissementsbezeichnung“ handelt. Grundsätzlich darf die Geschäftsbezeichnung nicht irreführend sein. Sie darf das angesprochene Publikum nicht über maßgebliche Umstände täuschen, indem sie etwa eine Größe oder Bedeutung suggeriert, die das Unternehmen nicht hat. „Uschi's weltgrößtes Suppenküchelchen“ dürfte – von der sprachlichen Anmutung mal ganz abgesehen – irreführend sein, wenn die Unternehmerin mal gerade zwei Kochplatten besitzt.

Darüber hinaus gilt:

- Der Einzelunternehmer führt die Geschäfte auf eigene Rechnung und eigenes Risiko. Er kann Mitarbeiter einstellen und Handlungsvollmachten geben.
- Ein Einzelunternehmer kann Rechte erwerben und Schulden machen. Er kann Eigentum erwerben und vor Gericht klagen und verklagt werden.
- Ein Einzelunternehmen wird aufgelöst, wenn der Unternehmer die wesentlichen Betriebsgrundlagen veräußert oder in das Privatvermögen überführt.

5.3 Personengesellschaften

Gesellschaft bürgerlichen Rechts

Um eine Gesellschaft bürgerlichen Rechts (GbR / GdbR / BGB-Gesellschaft) zu gründen, bedarf es mindesten zweier Personen. Diese Personen schließen einen Gesellschaftsvertrag, der nicht formgebunden ist. Er kommt also ohne jegliche weitere Formvorschrift wie jeder andere Vertrag durch zwei übereinstimmende Willenserklärungen zustande.

Bereits an dieser Stelle sei vor der „Schriftkram-Phobie“ gewarnt. Wer seine Vereinbarungen, Rechte und Pflichten schriftlich niederlegt, hat später deutlich weniger Stress bei Meinungsverschiedenheiten, die auch bei einer Unternehmensgründung unter Kommilitonen nicht ausbleiben werden. Ein Hinweis auf die studentische Unternehmensgründung von Facebook sowie den Streit zwischen Marc Zuckerberg und seinen ehemaligen Kommilitonen dürfte an dieser Stelle genügen.

*Eine GbR kann jeden **Zweck** verfolgen, Ausnahmen sind natürlich gesetzeswidrige Zwecke. Betreibt die GbR ein Gewerbe oder ein Handelsgeschäft, wird sie automatisch zur OHG.*

Eine GbR ist kein Kaufmann und kann deshalb streng genommen keine Firma führen. Aber sie kann sich eine Geschäftsbezeichnung geben und die Namen aller Gesellschafter mit einem die GbR andeutenden Zusatz führen.

Geschäftsführungsbefugt sind nach dem Gesetz (§ 709 Abs. 1 BGB) alle Gesellschafter **gemeinsam**, soweit nichts anderes vertraglich vereinbart ist.

Nach dem Gesetz wird die GbR aufgelöst, wenn ein Gesellschafter kündigt oder stirbt. Ausnahme: Der Gesellschaftsvertrag sieht eine Fortsetzung vor. Dann muss aber – bei einer vorher Zweipersonen-GbR – schnell ein neuer Gesellschafter gefunden werden. Wird er nicht gefunden, gilt die GbR als aufgelöst.

Eine GbR, die nach außen als solche auftritt, ist **teilrechtsfähig**. Sie kann also unter ihrem Namen klagen und verklagt werden. Klagen, die die GbR selbst erhebt, müssen alle Gesellschafter benennen.

Eine GbR kann nach der – allerdings nicht unumstrittenen – Rechtsprechung eine „Verbraucherin“ im Sinne des § 13 BGB sein. Das ist unter Umständen wichtig, wenn es um Widerrufsrechte geht. Hier muss sich die GbR, genau wie die anderen Verbraucher, kein kaufmännisches Wissen zurechnen lassen, sondern wird besonders geschützt.

Die Geschäfte der GbR führen alle Gesellschafter gemeinsam. **Beschlüsse** müssen einstimmig gefasst werden. Allein das schon limitiert die Anzahl der Gesellschafter. Aber der Gesellschaftsvertrag kann von dem Einstimmigkeitserfordernis Abstand nehmen und z.B. Mehrheitsbeschlüsse vorsehen. Es ist auch möglich, dass Entscheidungen auf einen oder mehrere Gesellschafter übertragen werden und die übrigen Gesellschafter – wenn sie denn den Vertrag so unterschrieben haben – von den Beschlussfassungen ausgeschlossen sind.

Jeder der Gesellschafter kann für die GbR Geschäfte rechtswirksam abschließen. Es ist aber auch möglich, dieses Vertretungsrecht nach außen anders als im Gesetz vorgesehen zu regeln.

Eine GbR ist kein Kaufmann und unterliegt damit auch nicht dem Handelsrecht, muss also keine Bilanz erstellen. Aber „natürlich“ muss eine GbR „für die Steuer“ **Bücher führen**. Sie wird in aller Regel zumindest am Anfang eine Einnahmenüberschussrechnung (EÜR) erstellen. Wenn Sie aber mehr als 500.000 Euro Umsatz oder mehr als 50.000 Euro Gewinn im Jahr erzielt, muss sie bilanzieren. Freiwillig darf sie es auch dann, wenn sie diese Grenzwerte noch unterschreitet.

Die **Gewinnverteilung** zwischen den Gesellschaftern kann frei vereinbart werden. Wird keine Regelung getroffen, sieht das BGB eine Aufteilung nach Köpfen vor. Diese Regelung ist nur dann gerecht, wenn alle Gesellschafter zu gleichen Teilen zum Erfolg der Gesellschaft beitragen. Überlegen Sie also gut, ob das der Fall sein wird. Falls nicht, sollten Sie einen anderen Maßstab für die Gewinnverteilung (und Verlusttragung!) finden.

Bei der GbR haften alle Gesellschafter gemeinsam zur gesamten Hand. Jeder einzelne Gesellschafter haftet also für alle Schulden der GbR auch mit seinem Privatvermögen voll. Hat er geleistet, kann er sich von seinen Mitgesellschaftern deren Anteil „holen", so dass er – im Idealfall – selbst nur mit seinem Anteil haftet.

Die GbR kann sich selbst auflösen (gemeinsamer Beschluss aller Gesellschafter). Weitere Auflösungsgründe, die aber auch durch den Gesellschaftsvertrag verändert werden, sind die Kündigung oder der Tod eines Gesellschafters, der Zeitablauf, das Erreichen oder das Unmöglichwerden des Gesellschaftszwecks, die Insolvenz eines Gesellschafters oder die Kündigung durch einen Privatgläubiger.

Ein Privatgläubiger ist nicht **Gläubiger** der Gesellschaft, sondern ein Gläubiger eines Gesellschafters. Sein Anspruch gegen den Gesellschafter ist nicht von dem Gesellschaftsverhältnis abhängig. Kann der Privatgläubiger seinen Anspruch nicht aus dem Vermögen des Gesellschafters befriedigen, ist also eine Zwangsvollstreckung in das bewegliche Vermögen des Gesellschafters fruchtlos verlaufen, kann er die GbR kündigen und die Abwicklung verlangen.

Offene Handelsgesellschaft

Eine offene Handelsgesellschaft (OHG) muss von mindestens zwei Personen gegründet werden. Auch sie schließen einen Vertrag, der formfrei, also auch mündlich, geschlossen werden kann. Auch hier ist davon abzuraten und einem Mindestmaß an schriftlichen Vereinbarungen zuzuraten.

*In einer OHG betreiben mindestens zwei Gesellschafter unter einer gemeinsamen Firma ein **Handelsgewerbe**. Eine Gewerbeanmeldung wird benötigt. Die OHG ist ins **Handelsregister** einzutragen.*

Es gibt kein gesetzlich vorgeschriebenes **Mindestkapital.** Entscheidend ist also lediglich der wirtschaftliche Kapitalbedarf. Die Einlagen der Gesellschafter in die OHG können als Bar- oder Sacheinlage erbracht werden. Ein Gesellschafter kann der OHG auch Dienstleistungen zur Verfügung stellen.

Die Einlagen gehen über in das Vermögen der OHG und gehören damit allen Gesellschaftern zur gesamten Hand. Der einlegende Gesellschafter kann also nicht mehr über seine Einlage verfügen, sondern nur alle Gesellschafter gemeinsam.

*Die Gesellschafter sind so genannte **Vollhafter**, haften also mit ihrem gesamten Vermögen, auch mit dem Privatvermögen. Die Haftung ist gesamtschuldnerisch. Jeder muss also zunächst für alle Schulden der OHG einstehen und kann sich dann anteilig an seinen Mitgesellschaftern schadlos halten.*

Bei der OHG sind grundsätzlich alle Gesellschafter zur Geschäftsführung verpflichtet. Jeder einzelne Gesellschafter kann und muss uneingeschränkt für die OHG „gewöhnliche" Geschäfte, also solche, die der Geschäftsbetrieb mit sich bringt, tätigen. In einem solchen Fall hat jeder andere Gesellschafter ein Widerspruchrecht (§ 115 Abs. 1 HGB). Dann darf das Geschäft nicht getätigt werden. Was „gewöhnlich" ist, kann nicht allgemein gesagt werden, sondern hängt davon ab, welchen Zweck das Unternehmen hat. Für einen Immobilienverkäufer ist der Verkauf oder Kauf eines Grundstücks „gewöhnlich", für einen Software-Ingenieur wohl eher nicht.

Der **Grundsatz der Einzelgeschäftsführung** kann durch die Satzung verändert werden, was je nach Konstellation der Gründer und deren Kenntnisse auch sinnvoll sein kann. Dann kann auch bestimmt werden, ob alle zur Geschäftsführung zugelassenen Gesellschafter die OHG nur gemeinsam (Gesamtvertretung) oder jeder einzeln (Einzelvertretung) oder in bestimmten Konstellationen (immer mindestens zwei) die OHG rechtswirksam nach außen vertreten dürfen.

Bei außergewöhnlichen Geschäften müssen alle Gesellschafter zustimmen. „Außergewöhnlich" ist alles, was über den „gewöhnlichen Betrieb" hinausgeht. Wer hier auf der sicheren Seite sein will, schreibt beispielshaft in den Gesellschaftsvertrag, was auf jeden Fall als „außergewöhnliches" Geschäft gelten soll, z.B. die Aufnahme eines Kredits oder die Einstellung von Mitarbeitern.

> Wird nichts anderes im Gesellschaftsvertrag vereinbart, werden auch bei der OHG so wie bei der GbR **Gewinne und Verluste** nach Köpfen verteilt.

Der Kapitalanteil jedes Gesellschafters wird jährlich mit 4 % verzinst. Immer unter der Voraussetzung, dass der Gewinn dafür ausreicht. Er ist die Obergrenze auch für die Verzinsung der Einlage. Bei Verlust entfällt logischerweise die Verzinsung. Jeder Gesellschafter erhält ein eigenes Kapitalkonto. Darauf wird seine Einlage gebucht, danach seine weiteren Einlagen und auch seine Entnahmen sowie die oben erwähnte Verzinsung. Gewinne und Verluste werden ebenfalls auf diesem Konto gebucht.

Bezahlt die OHG ihren Gesellschaftern etwas, etwa für deren Geschäftsführung, dann ist das kein „Gehalt", sondern eine **Entnahme**. Das Entgelt mindert also nicht wie eine „normale" Mitarbeitervergütung den Gewinn, sondern ist ein „Vorabgewinn", der auf dem Kapitalkonto des Gesellschafters gebucht wird und am Jahresende zum Gewinn wieder hinzugerechnet wird.

In einer OHG müssen die Gesellschafter einander unbedingt **vertrauen** können. Jeder Gesellschafter hat von Gesetzes wegen eine Treuepflicht der Gesellschaft gegenüber. Er darf ihr also auf ihrem ureigensten Geschäftsfeld keine Konkurrenz machen (Wettbewerbsverbot). Aber auch sonst darf er nichts tun oder unterlassen, woraus der Gesellschaft Schaden entstehen könnte. Das Wettbewerbsverbot kann aufgehoben oder gemildert werden, wenn alle anderen Gesellschafter zustimmen. Nur dann darf der OHG-Gesellschafter Geschäfte auf eigene Rechnung machen oder sich an anderen Unternehmen der gleichen Branche beteiligen. Wer gegen das Wettbewerbsverbot verstößt, muss der OHG den Schaden ersetzen. Im Extremfall kann es sogar zur Auflösung der OHG kommen.

Die OHG ist eine Handelsgesellschaft, unterliegt dem HGB und muss ins **Handelsregister** (Abteilung A) eingetragen werden.

Eine OHG kann unter ihrer Firma Rechte erwerben und Verbindlichkeiten eingehen. Sie kann Eigentum erwerben und vor Gericht klagen und verklagt werden.

Eine OHG wird aufgelöst, wenn der Gesellschaftsvertrag einen Auflösungstermin vorsieht, oder wenn die Gesellschafter die **Auflösung** beschließen, wenn ein Insolvenzverfahren über das Vermögen der Gesellschaft eröffnet wird. Bestimmt der Gesellschaftsvertrag nichts anderes, dann wird die OHG auch in folgenden Fällen aufgelöst und das Vermögen ausgekehrt: Ein Gesellschafter kündigt oder stirbt, das Insolvenzverfahren über das Vermögen eines Gesellschafters wird eröffnet, die Gesellschafterversammlung beschließt die Auflösung oder Gesellschafter müssen – etwa wegen des Verstoßes gegen das Wettbewerbsverbot – ausscheiden.

Eine OHG muss **Bücher führen** und in der Regel bilanzieren. Steuerlich ist der Gewinnanteil der Gesellschafter Einkünfte aus Gewerbebetrieb – bei Verlust negative Einkünfte aus Gewerbebetrieb.

Kommanditgesellschaft

Bei einer Kommanditgesellschaft (KG) gibt es einen oder mehrere Vollhafter (Komplementäre), die auch mit seinem Privatvermögen haftet und einen oder mehrere Teilhafter (Kommanditisten), die nur mit ihrer Einlage haften. Sobald die Kommanditisten ihre Einlage bezahlt haben und sie ins Eigentum der KG übergegangen ist, haften die Kommanditisten nicht mehr.

Wie hoch die Einlage eines Kommanditisten ist, ist völlig ihm und den anderen Gesellschaftern überlassen. Eine KG ist deshalb eine recht gute Möglichkeit **für einen „armen" Studenten**, sich Geldgeber zu beschaffen, die wie er selbst an seine Idee glauben, aber sonst keine oder höchstens wenig „Arbeit" mit dem Unternehmen haben wollen.

Zur Gründung einer KG benötigt es mindestens zwei Personen, einen Komplementär und einen Kommanditisten.

Die **Komplementäre** haben dieselben Pflichten und Rechte wie die OHG-Gesellschafter, also vor allem die Pflicht, die Geschäfte der KG zu führen.

Der **Gesellschaftsvertrag** einer KG kann formlos, also auch mündlich geschlossen werden. Auch hier sei nochmals davor gewarnt. Bei Streit ist es gut, die Regelungen untereinander schriftlich und damit nachweisbar zu haben. Und wenn es keinen Streit gibt – umso besser. Vielleicht hat ja gerade dann die „unnötige" Arbeit vor Streit bewahrt.

Die KG ist eine Handelsgesellschaft und unterliegt damit dem HGB. Sie entsteht wie die OHG zwar bereits mit der Aufnahme ihrer Geschäfte, muss aber auch ins **Handelsregister** (A) eingetragen werden.

Für **Kommanditisten** ist es wichtig, dass die KG ins Handelsregister eingetragen wird. Denn die Beschränkung ihrer Haftung auf die bezahlte Einlage wird erst mit Eintragung ins Handelsregister wirksam. Davor haften auch die Kommanditisten für alle Geschäfte mit ihrem Privatvermögen. Ausnahme: Dem Gläubiger war bekannt, dass die betreffende Person „nur" Kommanditist ist.

Die **Firma** einer KG kann eine Personen- (Namen der Komplementäre, aber auch Kommanditisten, wenn dadurch kein falscher Rechtsschein, nämlich der der unbeschränkten Haftung, erweckt wird), Sach-, Misch- oder Phantasiefirma sein. Gleichgültig, wie sie heißt, sie muss auf jeden Fall den Rechtsformzusatz „Kommanditgesellschaft" oder „KG" führen.

Von Gesetzes wegen sind nur die Komplementäre zur Geschäftsführung zugelassen und dazu verpflichtet. Jeder Komplementär ist zur Vertretung der Gesellschaft alleine befugt. Bei außergewöhnlichen Geschäften kann ein Gesellschafter den Handlungen eines anderen Gesellschafters widersprechen.

Der **Gesellschaftsvertrag** kann aber davon abweichen und auch Kommanditisten zur Geschäftsführung zulassen. In diesem Fall sollten sie Prokura oder zumindest Handlungsvollmacht erhalten.

Der Gesellschaftsvertrag kann auch von dem gesetzlichen Grundsatz der Einzelvertretungsberechtigung abweichen und eine Gesamtvertretung oder eine bestimmte Vertretungskonstellation (ein Komplementär plus ein Prokurist o.ä) vorsehen.

Wird die **Verteilung des Gewinns und Verlusts** nicht im Gesellschaftsvertrag geregelt, gilt das HBG, also Verteilung im angemessenen Verhältnis nach – falls entsprechender Gewinn erwirtschaftet wurde – einer 4-prozentigen Verzinsung der Einlage.

Eine KG ist **teilrechtsfähig** und kann unter ihrer Firma Rechte erwerben und Verbindlichkeiten eingehen; sie kann Eigentum erwerben und vor Gericht klagen und verklagt werden.

Eine KG wird aufgelöst, wenn der Termin, der als Auflösungsdatum in der Satzung genannt wurde, erreicht ist, wenn die Gesellschafter die Auflösung beschließen, wenn das Insolvenzverfahren über das Vermögen der Gesellschaft eröffnet wird.

Scheidet der Komplementär aus, weil er kündigt oder stirbt, wird die KG aufgelöst. Kündigt der einzige Kommanditist, wird die KG entweder zur OHG (bei mehreren Komplementären) oder zum Einzelunternehmen. Stirbt ein Kommanditist wird die KG mit den Erben fortgesetzt. Ausnahme: Der Gesellschaftsvertrag bestimmt etwas anderes.

> Da eine KG Kaufmann ist und dem HGB unterliegt, muss sie auch **Bücher führen** und in der Regel bilanzieren.

Steuerlich bezieht der Komplementär der KG Einkünfte aus Gewerbebetrieb. Beim Kommanditisten „kommt es darauf an", und zwar darauf, wie er seine Stellung vertraglich geregelt hat. Ist er ein „typischer" Kommanditist, der lediglich seine Einlage verzinst erhält und am Gewinn beteiligt ist, bezieht er Einkünfte aus Kapitalvermögen. Wenn er dagegen Unternehmerrisiko mit-trägt, wenn er also auch an Verlusten und an den stillen Reserven beteiligt ist, hat auch er Einkünfte aus Gewerbebetrieb.

5.4 Kapitalgesellschaften

Die Gründung einer Kapitalgesellschaft

Die Gründung einer Kapitalgesellschaft ist **formgebunden**. Sie muss über einen Gesellschaftsvertrag erfolgen, der notariell beurkundet werden muss. Der Gesellschaftsvertrag, auch Satzung genannt, muss bestimmte Mindestangaben enthalten, die im Gesetz (z.B. GmbH-Gesetz/GmbHG, Aktiengesetz/AktG) stehen.

So muss z.B. nach § 3 GmbHG die Satzung mindestens folgende **Angaben** haben:

[1] Firma der Gesellschaft
[2] Sitz der Gesellschaft
[3] Gegenstand des Unternehmens
[4] Betrag des Stammkapitals
[5] Zahl und Nennbeträge der einzelnen Stammeinlagen
[6] Namen der Gründungsgesellschafter.

Die **Satzung** wird – in aller Regel vom **Notar** – zusammen mit der von ihm und den Gesellschaftern unterzeichneten Gesellschafterliste (§ 40 GmbHG) elektronisch beim Handelsregister eingereicht. Die Satzung wird ins Handelsregister eingetragen und kann dort von jedermann eingesehen werden.

Alle weiteren **Regelungen des GmbHG oder des AktG** über die Organisation des Unternehmens sind kein zwingendes Recht, sondern sogenanntes dispositives Recht, können also folglich abgeändert werden. Dann gilt das, was zwischen den Gesellschaftern vereinbart worden ist. Und zwar nach innen wie nach außen. Und nur das, was in der Satzung steht, gilt. Wird nichts geändert, gilt das Gesetz. Wenn Sie das wollen, brauchen Sie das Gesetz in Ihrer Satzung nicht nochmals abzuschreiben. Es gilt so oder so.

Bei GmbHs und haftungsbeschränkten Unternehmergesellschaften gibt es neben der notariellen Beurkundung die Möglichkeit, nach **Musterprotokoll** zu gründen. Das Musterprotokoll ist im GmbH-Gesetz veröffentlicht. Wer nach Musterprotokoll gründet, darf kein Jota davon abweichen. Jede individuelle Regelung muss notariell beurkundet werden. Auch das Musterprotokoll muss vom Notar unterzeichnet werden. Da er hier aber „nur" prüfen muss, ob die Voraussetzungen alle erfüllt sind, geht es erstens schneller und kostet zweitens weniger als die Beurkundung einer individuellen Satzung.

Anzuraten ist eine Gründung nach Musterprotokoll bei Einpersonen-Gründungen, weil da die Gefahr der Meinungsverschiedenheit als „gering" angesehen werden darf, oder wenn es schnell gehen soll. Ist die GmbH oder haftungsbeschränkte Unternehmergesellschaft erst einmal gegründet und eingetragen, können die Geschäfte ohne Haftungsrisiken für die Gesellschafter getätigt werden. Und die Satzung kann dann in aller Ruhe individuell geändert werden. Voraussetzung, die ¾-Mehrheit wird erreicht und man ist bereit, die Satzungsänderung, die auch notariell beurkundet werden muss, zu bezahlen.

Beschränkte Haftung mit Gefahrenpotenzial: Die GmbH

Eine GmbH ist eine juristische Person, hat also eine eigene Rechtspersönlichkeit, ist selbstständige Trägerin von Rechten und Pflichten, kann Eigentum erwerben und vor Gericht klagen und verklagt werden.

Neben den für alle Kapitalgesellschaften geltenden handelsrechtlichen Vorschriften, z.B. über die Bilanzierung und die Offenlegung des Jahresabschlusses, gibt es ein spezielles Gesetz für GmbHs, das GmbH-Gesetz, abgekürzt GmbHG. Es enthält Sondervorschriften, die nur eine GmbH betreffen und von dieser – also allen voran ihrem Geschäftsführer aber auch ihren Gesellschaftern – beachtet werden muss.

Viele Neugründungen sind eine GmbH – meist aus Unkenntnis über die anderen Rechtsformen und häufig auch aus Unkenntnis über die tatsächlichen Erfordernisse einer GmbH. Es ist absolut kein Kavaliersdelikt, gegen das bestehende GmbH-Gesetz zu verstoßen. Und es schützt – meistens den Geschäftsführer, aber durchaus auch die Gesellschafter – nicht vor Strafe, wenn angegeben wird, die entsprechenden Pflichten nicht gekannt zu haben. Ein GmbH-Geschäftsführer muss seine gesetzlichen Pflichten erstens kennen und zweitens erfüllen. Tut er es nicht, wird er dafür haftbar gemacht. Und zwar mit seinem Privatvermögen. Davor bewahrt ihn auch das „Schutzschild mbH" nicht!

Was genau heißt eigentlich GmbH und wie ist das mit der Haftungsbeschränkung?

Eine GmbH ist eine Gesellschaft, deren Haftung auf das Gesellschaftsvermögen beschränkt ist. Anders ausgedrückt: Haben die GmbH-Gesellschafter erst einmal das Kapital der GmbH auf deren Konto eingezahlt und steht es zur freien Verfügung des Geschäftsführers, kann kein GmbH-Gläubiger mehr wegen einer GmbH-Schuld einen Gesellschafter in Anspruch nehmen. Das Gesellschafter-

Privatvermögen ist also bis auf ganz wenige Ausnahmen – zumindest GmbH-rechtlich, also so lange keine anderen Vereinbarungen wie z.B. Bürgschaften getroffen werden – vor dem Gläubigerzugriff, dem „Durchgriff“, geschützt.

Auch für die Gesellschafter – selbst dann, wenn die GmbH nur einen einzigen Gesellschafter hat und dieser auch noch gleichzeitig ihr Geschäftsführer ist – ist das GmbH-Kapital „fremdes Kapital“. Sie dürfen nicht mehr darüber für eigene Zwecke verfügen! Es gehört der GmbH!

*Deshalb schreibt das GmbHG eine **Mindestkapitalausstattung** vor: 25.000 Euro. Das Gesellschaftskapital der GmbH nennt man Stammkapital oder gezeichnetes Kapital (§ 5 GmbHG).*

Die GmbH kann und darf erst dann zur Eintragung ins **Handelsregister** angemeldet werden, wenn ein Viertel der Stammeinlagen eingezahlt ist, mindestens jedoch 12.500 Euro (§ 5 GmbHG). Wer knapp bei Kasse ist, für den mag es also ein Trost sein, dass von den 25.000 Euro Stammkapital lediglich die Hälfte einbezahlt werden muss. Der Rest wird bei der GmbH als „ausstehende Einlagen“ gebucht und muss dann einbezahlt werden, wenn die Satzung es vorsieht – allerspätestens aber dann, wenn die GmbH insolvent wird.

Das **Stammkapital** einer GmbH muss nicht ganz oder auch nur teilweise in Geld erbracht werden. Jede Kapitaleinlage kann also auch als Sacheinlage erbracht werden. Dabei sind der Phantasie, was als Sacheinlage dienen kann, keine Grenzen gesetzt. Angefangen von Autos, über Betriebs- und Geschäftsausstattungen, über Forderungen, über PC oder EDV-Anlagen, über Grundstücke bis hin zu ganzen Unternehmen reicht die Palette dessen, was als Sacheinlage eingebracht werden kann.

Der **Geschäftsanteil** ist der Anteil des Gesellschafters am Reinvermögen der GmbH. Dabei werden auch die stillen Reserven und Schulden berücksichtigt. Der Geschäftsanteil eines Gesellschafters steht in direkter Verbindung zu seiner Stammeinlage. Anstatt von Anteilen spricht man meist einfach von „Anteilen" oder von einer „Beteiligung".

Die Erfüllung der entsprechend übernommenen (Zahlungs-)Verpflichtung wird Einlage genannt. Eine Mindesteinlage beträgt 1.000 Euro, von der **Stammeinlage** muss ein Viertel einbezahlt sein. Die Einlage muss nicht zwingend bar geleistet werden, auch Sachwerte wie ein Pkw oder die Büroeinrichtung sind möglich.

Wichtig: Bei einer **Sacheinlage** muss der Wert des eingebrachten Gegenstandes dem tatsächlichen Wert entsprechen. Das muss über einen Sachgründungsbericht nachvollziehbar gemacht werden. Es geht nicht, dass der „Uralt-PC" mit seinem Anschaffungswert von vor 10 Jahre angesetzt wird. Hat das Registergericht aufgrund der mit der Anmeldung eingereichten Unterlagen erhebliche Zweifel an der Höhe des angegebenen Werts, wird es weitere Unterlagen anfordern. Wenn aber keine Anhaltspunkte für eine erhebliche Überbewertung vorliegen, muss das Registergericht auch nicht nachforschen, ob nicht doch eine solche wesentliche Überbewertung vorliegt.

Die **Haftung** des Gesellschafters ist auf den Wert seiner Stammeinlage bzw. den Wert seines Geschäftsanteils begrenzt. Das heißt aber auch, dass der Gesellschafter dann, wenn er seinen Anteil noch nicht voll einbezahlt hat, die ausstehenden Einlagen noch bezahlen muss, und zwar auch dann, wenn die GmbH selbst schon insolvent ist.

Die Haftungsbegrenzung gilt natürlich nur GmbH-rechtlich in voller Konsequenz. Ist der Gesellschafter daneben aber einem GmbH-Gläubiger, z.B. einer Bank oder einem anderen Kreditgeber, weitere Verpflichtungen eingegangen, hat es z.B. eine Bürgschaft gezeichnet und/oder Sicherheiten gestellt, dann haftet er natürlich aus diesen Verpflichtungen. Und zwar meist mit seinem gesamten (Privat-)Vermögen.

Der Gesellschaftsvertrag kann über die Stammeinlage hinaus eine **Nachschusspflicht** vorsehen.

Bei der GmbH sind über das Stammkapital hinaus keine gesetzlichen Rücklagen vorgeschrieben. Selbstverständlich aber bleibt es der GmbH unbenommen, nicht den gesamten Gewinn auszuschütten, sondern einen Teil davon einzubehalten (thesaurieren) und in eine (freiwillige) Rücklage einzustellen.

Eine GmbH kann zu den verschiedensten **Zwecken** errichtet werden. Es ist noch nicht einmal notwendig – wenn auch wohl meistens der Fall –, dass sie zu wirtschaftlichen Zwecken gegründet wird. Daneben kommen auch wissenschaftliche, künstlerische oder sportliche Ziele für eine GmbH-Gründung in Betracht.

Eine GmbH kann von nur einer einzigen Person (Einpersonen-GmbH, oft auch in Verkennung der Tatsache, dass immer mehr Frauen ihre eigene Existenz gründen, „Ein-Mann-GmbH" genannt) gegründet werden. Nach oben sind – außer vom gesunden Menschenverstand und der Praktikabilität – in der Gesellschafterzahl keine Grenzen gesetzt.

*Die **Gründung** erfolgt über einen Vertrag, der entweder Gesellschaftsvertrag oder Satzung genannt wird. Der GmbH-Gesellschaftsvertrag muss von einem Notar beurkundet werden und von allen Gesellschaftern unterzeichnet sein (§ 2 GmbHG). Hat die GmbH nur einen Gesellschafter, unterschreibt natürlich nur dieser den Gesellschaftsvertrag.*

Die GmbH-Gründung muss im Handelsregister eingetragen werden. Sobald die notariell beglaubigte Urkunde vorliegt, reichen die GmbH-Geschäftsführer diesen Gesellschaftsvertrag zusammen mit ihrer Bestellung dem Handelsregister zur Eintragung ein.

Eine GmbH entsteht mit der Eintragung ins **Handelsregister**. Die Wirkung der Eintragung ins Handelsregister ist konstitutiv, begründet die Kaufmannseigenschaft und zwar als Vollkaufmann. Dann wird auch erst die Haftungsbeschränkung auf das Gesellschaftsvermögen den Gläubigern gegenüber wirksam!

Hat die GmbH schon vor ihrer Eintragung ins Handelsregister – aber immerhin schon mit geschlossenem Gesellschaftsvertrag – die Geschäfte aufgenommen, spricht man von einer Vor-GmbH oder einer Vorgesellschaft. Üblich ist, dass in solchen Fällen auf den Geschäftspapieren zwar schon die Firmenbezeichnung „GmbH" steht, aber mit dem Zusatz „i.Gr." oder ausgeschrieben „in Gründung" versehen. Die Vor-GmbH ist rechtsfähig, d.h. sie ist handlungs-, haftungs- und insolvenzfähig. Wichtig ist: Bei der Vor-GmbH gilt die sogenannte Handelnden-Haftung. Das heißt: Bis die GmbH im Handelsregister eingetragen ist, haften die Gesellschafter oder Geschäftsführer, die für die GmbH gehandelt haben, mit ihrem Privatvermögen!

GmbH-Geschäftsführer

Da eine GmbH eine juristische Person ist, hat sie zwar jede Menge Pflichten und ebenso viele Rechte, aber sie kann sie selbst nicht geltend machen. Sie braucht ein „Sprachrohr", eine handelnde Person, in Juristen-Deutsch ein **Organ**, das für sie die Pflichten erfüllt und die Rechte wahrnimmt. Dieses Organ ist die GmbH-Geschäftsführung.

Dabei kann eine GmbH einen oder mehrere Geschäftsführer haben. Der oder die GmbH-Geschäftsführer müssen zwingend natürliche Personen sein. Es geht also nicht, dass eine andere GmbH oder ein Verein die Geschäftsführung einer GmbH übernimmt.

Ob (einer) der Geschäftsführer übrigens gleichzeitig GmbH-Gesellschafter ist, ist dem GmbH-Gesetz herzlich gleichgültig: Gesellschafter, deren Verwandte oder fremde Dritte, die „sonst nichts mit der GmbH zu tun" haben, können Geschäftsführer sein (§ 6 GmbHG).

Die Geschäftsführer werden durch Gesellschaftsvertrag oder durch die Gesellschafter ernannt – der Fachausdruck ist „bestellt" – und auch abberufen. Die Bestellung wird ins Handelsregister eingetragen. Die **Abberufung** des Geschäftsführers kann jederzeit, ohne Angabe von Gründen erfolgen. Allerdings kann die Abberufung in der Satzung oder im Anstellungsvertrag auf wichtige Gründe beschränkt werden.

Häufig wird die Organvertretung, also die juristische Geschäftsführung mit dem Führen der wirtschaftlichen Geschäfte der GmbH verwechselt oder zumindest in einen Topf geworfen. Dabei hat das eine nichts mit dem anderen zu tun. Zum Organ der GmbH wird man durch förmlichen Gesellschafter-Beschluss bestellt.

Die Bestellung zum GmbH-Geschäftsführer wird öffentlich kundgetan und ins Handelsregister eingetragen. Die wirtschaftliche Geschäftsführung dagegen bezieht sich auf den Unternehmensgegenstand, also die Geschäfte, mit denen das Unternehmen Geld verdienen möchte, unabhängig davon, in welcher Rechtsform es geführt wird. Um die **Geschäfte** der GmbH wirtschaftlich zu führen, wird der Geschäftsführer angestellt – mit Vertrag. Die Rahmenbedingungen für seine wirtschaftliche Geschäftsführung kann er mit den Gesellschaftern – häufig also mit sich selbst – aushandeln.

Die Abberufung eines Geschäftsführers durch die Gesellschafterversammlung wird meistens mit einer Kündigung des Anstellungsverhältnisses verbunden. Wurde der Geschäftsführer aus wichtigem Grund abberufen, zieht dies meist sogar eine fristlose Kündigung nach sich. Das gilt auch, wenn der Geschäftsführer gleichzeitig an der GmbH beteiligt ist. Selbstverständlich aber hat seine Gesellschafterstellung nicht mit seinem Geschäftsführeramt zu tun. Beides sind „getrennte Paar Stiefel". Im Klartext: Auch wenn ein Gesellschafter-Geschäftsführer aus wichtigem Grund abberufen und fristlos gekündigt wurde, ist und bleibt er nach wie vor Gesellschafter der GmbH.

Die Anstellung des Geschäftsführers kann **zeitlich beschränkt** werden. In der Regel wird dann der Zeitraum der Anstellung auf fünf Jahre – mit oder ohne Verlängerungsoption – gewählt. Diese Variante wird aber fast ausschließlich dann gewählt, wenn der Geschäftsführer ein fremder Dritter ist.

Bei einem Gesellschafter-Geschäftsführer dagegen läuft die Anstellung meist auf unbeschränkte Zeit, aber mit der Möglichkeit versehen, den Anstellungsvertrag fristgemäß – oder aus wichtigem Grund fristlos – zu kündigen.

Mit der Art und Weise, wie die Vertretung geregelt ist, ist auch nach außen klargestellt, welche Befugnisse der oder die Geschäftsführer haben. Es gibt die Möglichkeit der Alleinvertretung. In diesem Fall kann der Geschäftsführer alleine die GmbH rechtswirksam nach außen vertreten und für sie Verträge abschließen.

Bei der **Gesamtvertretung** wird unterschieden zwischen der echten Gesamtvertretung, wenn also ein Geschäftsführer nur zusammen mit einem oder mehreren oder allen anderen Geschäftsführern die GmbH nach außen vertreten darf, und der unechten Gesamtvertretung. In diesem Fall darf der Geschäftsführer die GmbH nur zusammen mit einem Prokuristen vertreten. Der Prokurist kann dabei entweder von der eigenen GmbH kommen; er kann aber auch von außen kommen, z.B. von der Mutter-GmbH. Möglich ist auch, dass es in einem mehrköpfigen Geschäftsführergremium einen Vorsitzenden gibt, der über Sonderrechte und -pflichten verfügt.

Vertretungsregelungen müssen, damit sie wirksam sind, im Handelsregister eingetragen sein. Nur sie gelten nach außen! Interne Regelungen, z.B. darüber, welche Geschäfte nicht ohne vorherige Absprache untereinander getätigt werden, gelten aber ebenfalls für den Geschäftsführer! Verstößt er dagegen, begibt er sich in die Gefahr einer möglichen Schadensersatzpflicht der GmbH gegenüber.

Da der GmbH-Geschäftsführer auf der einen Seite die GmbH vertritt, aber auf der anderen Seite auch (noch) Privatperson ist, ist es vorstellbar, dass er mit sich selbst Verträge abschließen können muss. Z.B. dann, wenn er als Privatperson ein Bürogebäude besitzt, in dem er der GmbH ein Stockwerk als Büroetage vermieten will. Oder er besitzt in einem Einzelunternehmen einen LKW, den er der GmbH gegen Entgelt zum Gebrauch überlassen will. Um solche Geschäfte tätigen zu können, muss der Geschäftsführer vom **Verbot der Insichgeschäfte** (Selbstkontrahieren, § 181 Bürgerliches Gesetz-

buch/BGB) befreit sein. Diese Befreiung vom Verbot der Insichgeschäfte muss im Handelsregister eingetragen sein, damit es wirksam ist.

Die Gesellschafterversammlung in der GmbH

Bedingt durch das zwischenzeitlich weit über 100 Jahre alte Prinzip der **Trennung zwischen Kapital und Arbeit** in der GmbH, ist die Gesellschafterversammlung als das höchste Organ der GmbH gesetzlich festgeschrieben.

Hier gilt das Motto: „*Wer die Musik bezahlt, bestimmt auch, welche Melodie gespielt wird.*" Mit anderen Worten: Die Gesellschafter haben das Sagen in der GmbH und können die Geschäftsführer anweisen, was zu tun ist.

Das Stimmrecht der Gesellschafter wird durch den Geschäftsanteil bestimmt. Ausnahme: Der Gesellschaftsvertrag sieht eine andere Regelung vor.

Die **Kompetenzen der Gesellschafterversammlung** ergeben sich aus dem Gesellschaftsvertrag und umfassen insbesondere:

[1] die Feststellung des Jahresabschlusses

[2] die Gewinnverwendung (Ausschüttung oder Einbehaltung)

[3] Entlastung der GmbH-Geschäftsführer

[4] Bestellung und Abberufung von Geschäftsführern

Mit der Entlastung billigt die Gesellschafterversammlung die Arbeit eines Geschäftsführers in der zurückliegenden Periode. Gleichzeitig spricht sie ihm das Vertrauen für die weitere Arbeit in der Zukunft aus. Hat die Gesellschafterversammlung den Geschäftsführer entlastet, kann sie keine Schadenersatzansprüche aufgrund eines Fehlverhaltens gegen ihn geltend machen. Voraussetzung: Im Zeitpunkt der Entlastung kannte sie die gemachten Fehler oder hätte sie kennen müssen.

Der Geschäftsführer hat keinen Anspruch auf Entlastung. Wird ihm die Entlastung aus unsachlichen Gründen verweigert, ist das ein Grund für ihn, das Amt niederzulegen und seinen Anstellungsvertrag aus wichtigem Grund fristlos zu kündigen.

Die haftungsbeschränkte Unternehmergesellschaft

Eine haftungsbeschränkte Unternehmergesellschaft (UG) ist nichts anderes als eine GmbH. Schließlich ist sie auch unter „Mini-GmbH" bekannt.

Es gelten also alle Regelungen, wie sie zur GmbH dargestellt wurden, auch für sie – mit drei wichtigen Ausnahmen zu

[1] Mindestkapital

[2] Gewinnverwendung

[3] Rechtsformbezeichnung

Das gesetzlich vorgeschriebene **Mindestkapital** beträgt zwischen 1 und 24.999 Euro. Jede Summe zwischen diesen beiden Grenzen ist möglich. Sacheinlagen sind nicht zulässig. Das Stammkapital muss sofort in voller Höhe als Bareinlage eingezahlt werden (§ 5a Abs. 2 GmbHG). Damit ist aus finanzieller Hinsicht die

Gründung eine haftungsbeschränkten UG nur für die Personen interessant, die weniger als 12.500 Euro (= die Summe, die auf das GmbH-Stammkapital mindestens einbezahlt werden muss und auch noch als Sacheinlage erbracht werden kann) Stammkapital aufbringen können oder wollen.

Die **Gewinnverwendung** ist eingeschränkt. In einer haftungsbeschränkten Unternehmergesellschaft muss ¼ des Gewinns in eine Rücklage eingestellt werden, die dazu dient, das gesamte GmbH-Kapital „anzusparen". Wird diese Pflicht missachtet, ist der gesamte Jahresabschluss nichtig. Aber: Niemand ist verpflichtet, Gewinn zu erwirtschaften, obwohl das eigentlich der Sinn eines Unternehmens sein sollte. Und ein zweites Aber: Selbst wenn die Rücklage ausreichen würde dazu, die haftungsbeschränkte UG in eine „richtige" GmbH umzuwandeln, wird niemand dazu gezwungen. Allerdings muss die Rücklage dann immer weiter bedient werden und darf nicht an die Gesellschafter ausgeschüttet werden.

Die **Rechtsformbezeichnung** darf nicht abgekürzt werden. UGmbH ist unzulässig! Erlaubt ist „haftungsbeschränkte Unternehmergesellschaft", „haftungsbeschränkte UG" oder „Unternehmergesellschaft (haftungsbeschränkt)" oder „UG (haftungsbeschränkt)". Eine haftungsbeschränkte Unternehmergesellschaft darf auch nicht den Rechtsschein erwecken, sie wäre eine GmbH. Denn sonst haften die Gesellschafter bis zum Mindestkapital in Höhe von 25.000 Euro.

Die „kleine" Aktiengesellschaft

Seit eine Aktiengesellschaft auch als sogenannte kleine AG und damit auch als Einpersonen-Gesellschaft gegründet werden kann, ist diese Rechtsform für einige Unternehmer zur echten Alternative für eine GmbH oder eine Personengesellschaft geworden.

Die Vorteile der kleinen AG:

[1] Die Anteile am Unternehmen sind frei übertragbar

[2] Die Eigenkapitalbeschaffung ist weit einfacher als bei einer GmbH

[3] Eine Aktiengesellschaft ist oft kreditwürdiger als eine GmbH oder eine GmbH & Co. KG oder gar eine haftungsbeschränkte UG

Nach wie vor braucht eine Aktiengesellschaft folgend Organe (in der Rangfolge der Wichtigkeit)

[1] die Hauptversammlung (die die Geschäftspolitik bestimmt)

[2] einen Vorstand (der die Geschäfte führt) und

[3] einen Aufsichtsrat (der den Vorstand überwacht)

Beim Registergericht muss der Gründer die Tatsache anmelden, dass die Aktiengesellschaft eine Einpersonen-Gesellschaft ist. Im **Handelsregister** eingetragen aber wird dies Meldung nicht.

Der **Allein-Aktionär** kann entweder als Vorstand tätig werden (ähnlich wie der Gesellschafter-Geschäftsführer bei der GmbH). Oder er kann die Vorstandstätigkeit einer anderen Person überlassen (z.B. seinem Ehepartner) und als Aufsichtsrat(vorsitzender) tätig werden.

Das **Grundkapital** der Aktiengesellschaft muss auf 50.000 Euro lauten (§ 7 AktG). Der Mindestnennbetrag für Nennbetragsaktien beträgt 1 Euro (§ 78 Abs. 2 AktG). Höhere Nennbeträge werden nur in vollen Eurobeträgen zugelassen.

Der **Aufsichtsrat** muss aus mindestens drei Mitgliedern bestehen.

Die **Hauptversammlung** – die bei einer Einpersonen-Aktiengesellschaft wohlbemerkt nur aus einer einzigen Person besteht – ist das Organ, in dem die Aktionäre ihre Rechte ausüben.

Bei Aktiengesellschaften, deren Aktionäre namentlich bekannt sind, kann die Hauptversammlung durch eingeschriebenen Brief einberufen werden. Als Tag der Bekanntmachung der Einberufung der Hauptversammlung gilt der Tag der Absendung der eingeschriebenen Briefe.

Sind sämtliche Aktionäre versammelt, kann eine „**Spontanhauptversammlung**" stattfinden. Eine förmliche und formvollendete Einberufung ist dann nicht notwendig. Stattfinden kann eine solche Vollversammlung an jedem beliebigen Ort und zu jeder beliebigen Zeit.

Die Beschlüsse, die auf einer solchen „Spontanhauptversammlung" gefasst werden, sind wirksam, auch wenn keine Einladung erging und keine Tagesordnung vorliegt. Es genügt, wenn der Vorsitzende des Aufsichtsrats das Hauptversammlungsprotokoll unterzeichnet.

Der **Vorstand** der Aktiengesellschaft hat eine öffentlich beglaubigte Abschrift der Niederschrift und der Anlagen dazu zum Handelsregister beim Registergericht einzureichen.

Die handelsrechtlichen **Jahresabschlussvorschriften** gelten für die Aktiengesellschaft, da auch sie eine Kapitalgesellschaft ist, wie für die GmbH. Das heißt, auch die Größenklassen gelten für sie.

Der Zwitter: die Kapitalgesellschaft & Co. KG/OHG

Bei einer offenen Handelsgesellschaft (OHG) haftet jeder Gesellschafter voll, bei einer Kommanditgesellschaft (KG) gibt es in der Regel einen Gesellschafter, der mit seinem gesamten Vermögen haftet. Dieser wird Komplementär oder Vollhafter genannt. Zusätzlich sind weitere Gesellschafter in der Gesellschaft, die aber nur mit dem Teil ihres Vermögens haften, den sie der Gesellschaft als Einlage zur Verfügung gestellt haben. Diese Gesellschafter werden Kommanditisten oder Teilhafter genannt.

Da in einer OHG und bei KG der Komplementär von Gesetzes wegen die Geschäfte führt, führt in der **Kapitalgesellschaft & Co.** KG/OHG die Kapitalgesellschaft die Geschäfte. Da sie aber eine juristische Person ist und weder ihre eigenen noch fremde Geschäfte selbst führen kann, benötigt sie eine natürliche Person als Geschäftsführer. Dieser Geschäftsführer kann auch einer der Kapitalgesellschaft-Gesellschafter und/oder der Kommanditisten sein.

Gesellschafter der Kapitalgesellschaft und die Kommanditisten können sich aus demselben Personenkreis rekrutieren. Es ist sogar möglich, eine **Einpersonen-Kapitalgesellschaft & Co. KG** zu gründen, in der die Kapitalgesellschaft nur einen einzigen Gesellschafter hat, der auch noch gleichzeitig Kommanditist in der KG ist.

Die Kapitalgesellschaft & Co. KG ist eine Kommanditgesellschaft und gehört damit rechtlich gesehen zu den **Personengesellschaft**. Aber sie trägt die Merkmale einer Kapitalgesellschaft in sich, denn die Komplementärin, also die unbeschränkt haftende Vollhafterin, ist eine Kapitalgesellschaft, die ihrerseits von ihrer Rechtsnatur her in der Haftung beschränkt ist.

> Die Kapitalgesellschaft & Co. KG ist eine Kombination von Kapital- und Personengesellschaft. Durch die Konstruktion wird erreicht, dass zwar eine Personengesellschaft besteht, aber keine natürliche Person mit ihrem Privatvermögen haftet.

Die Kapitalgesellschaft & Co. KG ermöglicht eine **flexible Eigenfinanzierung**. Außerdem besteht im Vergleich zur „normalen" KG eine Haftungsbeschränkung auch für den Vollhafter. Letzteres aber erhöht aber das Risiko der Gläubiger, wodurch die Aufnahme von Fremdkapital schwieriger sein kann.

Bei der Gründung der Kapitalgesellschaft & Co. KG ist ein **Gesellschaftsvertrag** zwischen der Kapitalgesellschaft und den Kommanditisten notwendig.

Die Firma der Kapitalgesellschaft & Co. KG muss in ihrem **Firmennamen** die Komplementärin als Kapitalgesellschaft mit einem Zusatz nennen.

Für das **Handelsrecht** gilt eine Kapitalgesellschaft & Co. KG als Kapitalgesellschaft, wenn nicht mindestens eine natürliche Person neben der Kapitalgesellschaft Vollhafterin ist. Vermögend muss diese Person nicht sein, aber sie muss voll, also auch mit ihrem Privatvermögen haften. Nur mit einer zusätzlichen natürlichen Person als Komplementärin ist die Kapitalgesellschaft & Co. KG gilt sie auch handelsrechtlich als Personengesellschaft und ist von den Bilanzierungs- und Offenlegungspflichten einer Kapitalgesellschaft befreit.

5.5 Der handelsrechtliche Jahresabschluss einer Kapitalgesellschaft

Nach dem Handelsgesetzbuch – abgekürzt HGB – werden die Kapitalgesellschaften in Größenklassen unterteilt. Konkreter: § 267 HGB und § 267a HGB legen vier Größenklassen fest:

- kleinste,
- kleine,
- mittelgroße und
- große

Gesellschaften. Für die jeweiligen Kapitalgesellschaften, die zu einer bestimmten Größenklasse gehören, gelten unterschiedliche Bestimmungen für die Prüfung und Offenlegung (**Publizität**) des Jahresabschlusses.

Mit hoher Wahrscheinlichkeit gehört Ihre Kapitalgesellschaft in den Anfängen der Geschäftstätigkeit zu den so genannten kleinen Kapitalgesellschaften, so dass Sie weder den Abschluss prüfen lassen noch ihn veröffentlichen müssen.

Nach dem Handelsgesetzbuch ist jeder Kaufmann, und dazu zählt auch die GmbH und die haftungsbeschränkte Unternehmergesellschaft, verpflichtet, **Bücher** zu **führen**. Auch steuerlich ist eine GmbH und eine haftungsbeschränkte UG verpflichtet, Bücher zu führen. Die Größenklassen der Kapitalgesellschaft sind lediglich handelsrechtlich entscheidend. Die steuerliche „Buchführung" und die daraus resultierenden Pflichten stehen auf einem völlig anderen Blatt.

Der (handelsrechtliche) **Jahresabschluss** einer Kapitalgesellschaft besteht aus

[1] der Bilanz (§ 266 HGB)

[2] der Gewinn- und Verlustrechnung (§ 275 HGB) und dem

[3] Anhang (§§ 284 – 288 HGB) sowie

[4] dem Lagebericht

Eine **Kleinstkapitalgesellschaft** erfüllt mindestens zwei der drei folgenden Merkmals an mindestens zwei Bilanzstichtagen:

[1] Bilanzsumme nicht über 350.000 Euro

[2] Umsatzerlöse nicht über 700.000 Euro

[3] Arbeitnehmer im Jahresdurchschnitt nicht über 10

Eine **kleine Kapitalgesellschaft** erfüllt mindestens zwei der folgenden drei Merkmale an zwei aufeinanderfolgenden Abschlussstichtagen:

[1] Bilanzsumme nicht über 6 Mio €

[2] Umsatzerlöse nicht über 12 Mio €

[3] Arbeitnehmer im Jahresdurchschnitt nicht über 50

Folgende **handelsrechtlichen Pflichten** bestehen konkret in Abhängigkeit von der Größenklasse:

- **Kleinstkapitalgesellschaften** müssen lediglich Angaben zu den übergeordneten Bilanzpositionen Anlagevermögen, Umlaufvermögen, aktive latente

Steuern und aktiver Unterschiedsbetrag aus der Vermögensrechnung machen. Die darunter liegenden Detailpositionen brauchen nicht aufgeführt zu werden.
(a) Sie können auf den Aufstellung eines Anhangs verzichten, wenn sie bestimmte Angaben – bei der GmbH solche zu Haftungsverhältnissen sowie Vorschüsse und Kredite gegenüber Gesellschaftsorganen – in der Bilanz ausweisen.
(b) Als Kleinstunternehmer können Sie den Jahresabschluss offen legen wie eine kleine Kapitalgesellschaft. Sie können ihn aber auch „nur" hinterlegen beim elektronischen Handelsregister. Wer ihn dann einsehen will, muss dies dort beantragen und dafür bezahlen.

- Eine **kleine Kapitalgesellschaft** muss ihren Jahresabschluss spätestens 6 Monate nach dem Bilanzstichtag aufgestellt haben.
- Sie muss den Jahresabschluss nicht von einem Wirtschaftsprüfer (WP) oder von einem vereidigten Buchprüfer (vBp) prüfen lassen.
- Auch eine kleine Kapitalgesellschaft muss ihren Jahresabschluss offenlegen, und zwar auf jeden Fall die Bilanz, die aber nicht mit allen Positionen vollständig in Kontoform (§ 266 Abs. 2 und Abs. 3 HGB) aufgestellt werden muss. Eine kleine Kapitalgesellschaft darf nach § 266 Abs. 1 HGB ihre Bilanz verkürzt darstellen.
- Die Gewinn- und Verlustrechnung (GuV) muss nicht offengelegt werden.
- Der Anhang muss offengelegt werden, kann aber nach § 288 Satz 1 HGB verkürzt werden.
- Der Lagebericht der Kapitalgesellschaft muss nicht offengelegt werden.

- Ergebnisverwendungsvorschlag und Ergebnisverwendungsbeschluss dagegen müssen wieder offengelegt werden.

Die kleine Kapitalgesellschaft muss die gesamten Unterlagen zum Handelsregister innerhalb von zwölf Monaten nach dem Bilanzstichtag einreichen und die Einreichung im Bundesanzeiger bekannt machen.

Wichtiger Hinweis: **Handelsrechtliche Pflichten nicht auf die leichte Schulter nehmen**

Wer es versäumt, seine Rechnungslegungsunterlagen offenzulegen, muss mit einem Ordnungsgeldverfahren rechnen. Das **Ordnungsgeld** war bisher unabhängig von einem möglichen Verschulden. Wenn Sie als Kleinstunternehmen oder als kleine Kapitalgesellschaft gegen Ihre Offenlegungs- oder Hinterlegungspflichten verstoßen, müssen Sie mit einem Ordnungsgeld rechnen, wenn Sie an der Verspätung schuld sind.

5.6 Welche Rechtsform für wen?

Diese Frage lässt sich – wie Sie selbst schon gesehen haben – so einfach nicht beantworten. Sie sollten sich folgende **Ausgangssituationen** ansehen und je nachdem, welche Antwort Sie (sich selbst) geben, desto eher sollten Sie die vorgeschlagene Rechtsform in Erwägung ziehen.

Ausgangssituation	**eher ...**
Dass ich von außen, also von meinen Kunden oder Vertragspartnern, in Haftung genommen werde, ist gering	... Einzelunternehmen oder Personengesellschaft
Ich benötige wahrscheinlich Kredite	... Einzelunternehmen oder Personengesellschaft
Ich will mein Unternehmen nach dem Studium verkaufen	... Kapitalgesellschaft
Ich will mein Unternehmen nach dem Studium weiterführen und neue Geldgeber (Gesellschafter) gewinnen	... Kapitalgesellschaft oder Kommanditgesellschaft – auch in Kombination
Wir gründen zu mehreren und sollen alle gleichberechtigt sein	... offene Handelsgesellschaft oder Gesellschaft bürgerlichen Rechts
Wir gründen zu mehreren, aber die anderen sollen sich auf ihre Geldgeberfunktion beschränken	entweder Kapitalgesellschaft mit Ihnen als Geschäftsführer/Vorstand oder Kommanditgesellschaft mit Ihnen als Komplementär
Ich will die beschränkte Haftung, habe aber nicht viel Geld	... haftungsbeschränkte Unternehmergesellschaft

6 Um diese wirtschaftlichen Grundnotwendigkeiten kommen Sie nicht herum

6.1 Handelsrechtliche Buchführung und Abschluss

Jeder Gewerbebetrieb ist aufgrund handelsrechtlicher Vorschriften verpflichtet, laufende Geschäftsvorfälle in einer Buchführung zu dokumentieren. Dabei ist die **Buchführung** der wichtigste betriebliche Bereich des Rechnungswesens, da auf ihr und ihrem Zahlenwerk die Kostenrechnung und Kalkulation aufbaut. Die Buchhaltung zeigt den Erfolg des Unternehmens und ist Basis für die steuerliche Bemessungsgrundlage.

Letztendlich dient sie auch für den Unternehmer zur **Steuerung und Kontrolle** des Unternehmens, sie ist Grundlage für ein betriebliches Controlling-System. Angehörige der freien Berufe und Kleinstunternehmen können dabei eine vereinfachte Buchführung in Form einer „Einnahmen-Überschuss-Rechnung" führen, die aber keine Vermögensübersicht und keine Bestandsveränderungen beinhaltet und nur einen ungenauen Wert für den Gewinn ermittelt. Darüber hinaus hat jeder Kaufmann, dessen Gewerbebetrieb nach Art und Umfang „einen in kaufmännischer Weise eingerichteten Geschäftsbetrieb" erfordert, nach HGB eine doppelte Buchführung mit Inventar-Aufstellung und Jahresabschlusserstellung auszuführen.

Dies wird auch vom Finanzamt so gefordert, wenn das Unternehmen mindestens eine der nach stehende Voraussetzungen erfüllt:

- Umsatz > € 500.000,-
- Betriebsvermögen (bei Land- und Forstwirtschaft) > € 25.000,-
- Gewinn (Gewerbebetrieb) > € 50.000,-

Die dann erforderliche doppelte Buchführung muss dabei nach den so genannten **Grundsätzen ordnungsgemäßer Buchführung** (GOB) ausgeführt werden. Die doppelte Buchführung erfasst dabei alle Aufwendungen und Erträge systematisch und liefert auch die entsprechenden Werte für die Bestände im Unternehmen. Als Ergebnis erhält man eine systematische und geschlossene Darstellung der Vermögens- und Ertragslage des Unternehmens.

Bei der Durchführung der Buchhaltung helfen heute moderne EDV-Programme, die unter Kosten-/Nutzen-Gesichtspunkten sehr rentabel arbeiten, so dass die in der Vergangenheit eingesetzten manuellen Verfahren der Durchschreibebuchführung und der amerikanischen Methode nicht mehr zu empfehlen sind. Darüber hinaus bietet es sich an, die Buchhaltung durch einen Steuerberater professionell vornehmen zu lassen, um die Einhaltung der GOB zu gewährleisten. Daneben wird er sie steuerlich beraten und zusätzliche betriebswirtschaftliche Auswertungen (BWA) liefern, die für die Steuerung ihres Unternehmens sehr nützlich sein können. Dabei gibt es für die Zusammenarbeit mit dem Steuerberater einen Gestaltungsspielraum von der einfachen Belegübergabe an ihn und vollständiger Erfassung durch den Steuerberater, bis zur Erfassung der einzelnen Geschäftsvorfälle am eigenen PC mit anschließendem Daten-Transfer an das Steuerbüro. Diese Arbeitsteilung muss auch unter Kosten- und Aufwands-Gesichtspunkten jeder Unternehmer für sein Unternehmen selbst entscheiden. Wichtig ist nur, dass die Erfassung vollständig und richtig erfolgt, denn nur dann kann der Steuerberater auch den Jahresabschluss wahrheitsgemäß erstellen und letztendlich testieren.

Sind alle Buchungen eines Geschäftsjahres (das nicht das Kalenderjahr sein muss, sondern hiervon abweichen kann) erfasst, erstellt der Steuerberater einen Jahresabschluss, bestehend aus

[1] Gewinn- und Verlustrechnung
[2] Bilanz

Der fertig gestellte **Jahresabschluss** dient aber nicht nur als steuerliche Bemessungsgrundlage, sondern sollte dem Unternehmer als Entscheidungsinstrument für seine Planungen bezüglich zukünftiger Investitionen, der Kostenrechnung und der Kalkulation dienen. Wichtig ist daher vor allem für den jungen Unternehmer das so genannte Bilanzgespräch mit dem Steuerberater. In diesem müssen nochmals alle relevanten Geschäftsvorfälle des vergangenen Geschäftsjahres besprochen und analysiert werden, sowie ihre Auswirkungen auf das kommende Wirtschaftsjahr diskutiert werden. Der Unternehmer muss lernen, sein Bilanz zu lesen, sie interpretieren zu können, um dann die entsprechenden Schlussfolgerungen für die Zukunft ziehen zu können.

Legen Sie den Jahresabschluss auch zeitnah Ihrer **Hausbank** zur Einsichtnahme und Auswertung vor. Sollten Sie einen Kredit aufgenommen haben, wird die Bank diesen sowie so einfordern, hierzu ist sie aufgrund gesetzlicher Anforderungen verpflichtet. Nutzen Sie auch hier das Gespräch über Ihren Jahresabschluss mit der Bank, um wichtige Rückmeldungen und Anregungen für die zukünftige Steuerung Ihres Unternehmens zu erhalten. Sie werden auch sehen, dass der Blickwickel der Bank ein anderer ist als der Ihres Steuerberaters, nämlich eher fokussiert auf Zahlungsströme und Finanzierungsgesichtspunkte, wie Deckungs- und Liquiditätsgrade, Umschlagshäufigkeiten und Debitorenlaufzeiten. Auch hier erhalten Sie neue und tiefere Einblicke in das Zahlenwerk Ihres Unternehmens und somit die Chance, aus neuen Erkenntnissen noch erfolgreicher die Zukunft Ihres Unternehmens gestalten zu können.

6.2 Kostenrechnung und Kalkulation

Kostenrechnung

Im Gegensatz zur Buchhaltung ist die unternehmensinterne Kostenrechnung nicht gesetzlich vorgeschrieben und wird daher von vielen kleineren Unternehmen auch unterlassen. Da die **Kosten- und Leistungsrechnung**, wie sie genau heißt, aber viel aussagekräftiger als die reinen Buchhaltungszahlen ist, macht es auch für junge und kleine Unternehmen durchaus Sinn, eine Kostenrechnung als Basis für ein späteres Controlling-System einzuführen. Nicht zuletzt basieren auch die Vor- und Nachkalkulation auf Zahlen aus der Kostenrechnung, ein Instrument, das vor allem für Unternehmen in engen Märkten mit vielen Anbietern und geringen Gewinnmargen äußerst wichtig erscheint.

Die Kostenrechnung hilft dabei vor allem unwirtschaftliche Preisangebote aufzudecken, eine Preisuntergrenze festzulegen, oder auch Kostentreiber zu identifizieren. Es empfiehlt sich daher, bereits zu Beginn der unternehmerischen Tätigkeit eine einfache, aber aussagekräftige Kostenrechnung zu implementieren.

Unterschieden wird dabei in drei unterschiedliche Teilbereiche der Kostenrechnung:

[1] Die Kostenartenrechnung (Fragestellung: welche Kosten?)

[2] Die Kostenstellenrechnung (Fragestellung: wo angefallen?)
[3] Die Kostenträgerrechnung (Fragestellung: wer trägt diese?)

Vor allem die systematische Erfassung aller angefallenen Kosten in der **Kostenartenrechnung** ist für junge und kleine Unternehmen von höchster Wichtigkeit. Dabei gilt es aber, ein ausgewogenes Nutzen- und Aufwandsverhältnis einzuhalten. Hierbei helfen moderne EDV-Programme, die die angefallenen Kosten aus der Buchhaltung übernehmen und diese den zugehörigen Leistungen (z.B. aus der Absatztätigkeit) gegenüberstellen. Insbesondere die Gliederung nach betriebsbedingten, betriebsfremden, periodenfremden und außergewöhnlichen Kosten (letztere drei bezeichnet man auch als neutrale Kosten) ist wichtig, um nach Gegenüberstellung mit den Leistungen das so genannte **Betriebsergebnis** und das neutrale Ergebnis zu erhalten. Zusammengefasst ergeben diese beiden Positionen dann das Gesamtergebnis des Unternehmens. Daneben gibt es jedoch auch noch Kosten zu berücksichtigen, für die es keine Belege, Buchungen und keine Zahlungen gibt: die **kalkulatorischen Kosten**.

Dies sind:
[1] der kalkulatorische Unternehmerlohn
[2] die kalkulatorische Miete
[3] die kalkulatorischen Zinsen
[4] die kalkulatorischen Abschreibungen
[5] die kalkulatorischen Wagnisse

Diese kalkulatorischen Kosten dienen dazu, um den Angebotspreis eines Produktes oder Dienstleistung besser und marktgerechter zu kalkulieren.

So wird bei Einzelunternehmen und Personengesellschaften der **Unternehmerlohn** fiktiv als Personalaufwand für den Unternehmer kalkuliert, da bei den Kapitalgesellschaften dieser als Personalaufwand sowohl in der Buchhaltung, als auch in der Kostenrechnung gebucht, erfasst und bezahlt wird. Der Einzelunternehmer und Personengesellschafter erhält hingegen keine Geschäftsführungsvergütung, sondern muss vom ausgewiesenen Gewinn seinen Lebensunterhalt bestreiten. Da jedoch kein Unternehmer unentgeltlich arbeiten soll und muss, wird der kalkulatorische Unternehmerlohn mitkalkuliert und über die Preise so mitverdient. Die Höhe ist dabei frei wählbar, es bietet sich aber an, diese in etwa wie ein Geschäftsführergehalt einer GmbH anzusetzen.

Die **kalkulatorische Miete** hingegen wird dann angesetzt, wenn der Unternehmer eine eigene Immobilie im privaten Bereich nutzt und somit keine tatsächliche Miete zahlt. **Kalkulatorische Zinsen** hingegen betreffen das eingesetzte Eigenkapital, das es zu verzinsen gilt. Hätte man es nicht in der eigenen Unternehmung eingebracht, würde es am Geld- und Kapitalmarkt Zinsen erwirtschaften. Die Opportunitätskosten des Eigenkapitals werden somit rechnerisch in der Kalkulation berücksichtigt. Bei den **kalkulatorischen Abschreibungen** geht es darum, den Unterschiedsbetrag zwischen den historischen Anschaffungs- oder Herstellungskosten und den in der Zukunft liegenden Wiederbeschaffungskosten eines Gutes (Inflationsrate eingerechnet) zu kalkulieren. Und letztendlich werden mit den **kalkulatorischen Wagnissen** allgemeine Unternehmensrisiken wie Forderungsausfall, Schadensfälle, Garantieleistungen, aber auch Dinge wie Diebstahl, Schwund und Verderb von Waren rechnerisch einkalkuliert.

Neben der Kostenartenrechnung spielt vor allem die **Kostenstellenrechnung** eine wichtige Rolle im Zahlenwerk des Unternehmens. Sicher wird zu Beginn der Unternehmertätigkeit die vollumfängliche Erfassung der Kosten in der Kostenartenrechnung im Vordergrund stehen. Aber bereits in diesem frühen Stadium macht es durchaus Sinn, die Kosten auch einem bestimmten Auftrag, Projekt, Produkt, einer Dienstleistung oder einer Warenproduktgruppe zuzuordnen. Dabei wird im Allgemeinen nach Einzelkosten (direkt zurechenbare Kosten) und Gemeinkosten (nicht direkt zurechenbare Kosten) unterschieden. Einzelkosten sind leicht anhand z.B. von Materialaufwand für die Fertigung eines Produktes zu identifizieren; viel schwieriger ist es, die Gemeinkosten wie z.B. Heizung und Strom einer Kostenstelle zuzuordnen. Ein **Betriebsabrechnungsbogen** mit festen Schlüsseln kann hier eine wertvolle Hilfe sein. Diesen liefert entweder der mandantierte Steuerberater, oder ein EDV-gestütztes Programm hilft bei der verursachergerechten Umlage der Gemeinkosten.

Für den Existenzgründer ist diese Tätigkeit zumindest in den ersten beiden Jahren nicht unbedingt notwendig, da der Aufwand der Erfassung und der Umlage auf die Kostenstellen recht aufwendig ist und das schon öfter angesprochene Aufwand-Nutzen-Verhältnis ausgewogen sein sollte. Sollte das Unternehmen aber rasch wachsen und z.B. verschiedene Produktgruppen aufweisen, lohnt sich die frühzeitige Investition in eine Kostenstellenrechnung. Insbesondere, wenn es darum geht, ein Controlling-System zur Steuerung des Unternehmens aufzubauen.

Mit der **Kostenträgerrechnung** kommen wir nun abschließend zu einem Instrument der Kostenrechnung, das uns vor allem bei der Kalkulation eines Produktes oder einer Dienstleistung behilflich ist. Denn mit der Kostenträgerrechnung werden die so genannten Selbstkosten ermittelt, die wiederum als Basis zur Ermittlung eines Verkaufspreises dienen. Im nachstehenden Kapitel wollen wir uns daher exemplarisch mit der Kalkulation eines Warenverkaufspreises beschäftigen.

Vor- und Nachkalkulation

Zunächst wollen wir uns kurz mit der Frage beschäftigen, warum es für jedes Unternehmen, und sei es auch noch so klein und jung, von elementarer Bedeutung ist, die Angebotspreise seiner Produkte und Dienstleistungen zu kalkulieren. Denn mit den Umsätzen dieser Produkte wollen und müssen wir als Unternehmer unsere Kosten abdecken und möglichst darüber hinaus einen Gewinn erwirtschaften. Nachstehend daher ein paar grundlegende Fragen, die wir mit Hilfe einer einfachen, aber vollständigen und aussagekräftigen Kosten- und Leistungsrechnung beantworten sollten.

Fragestellungen

[1] Wo liegt die Preisuntergrenze einzelner Produkte?

[2] Wie hoch ist der kostendeckende Mindestumsatz?

[3] Wie hoch sind die jährlichen, beschäftigungsunabhängigen Fixkosten?

[4] Welche Produkte erbringen welchen Deckungsbeitrag zur Abdeckung der fixen Kosten?

[5] Wo können welche Kosten eingespart werden?

[6] Wo sind Verlustquellen im Unternehmen?

[7] In welchem Bereich sollte vermehrt investiert werden?

Diese Liste an Fragen ließe sich noch beliebig fortsetzen, aber allein schon die Beantwortung dieser Fragen für dazu, dass wir Planungssicherheit sowohl auf der Verkaufs- wie auf der Kostenseite erhalten. Allerdings sind die Frage oftmals nicht leicht zu beantworten, sondern bedürfen einer intensiven Vor- und Nachkalkulation. Waren dabei bis hierher die Grundlagen der Kosten- und Leistungsrechnung für alle Unternehmen in etwa gleich, müssen wir von nun an beim Einsatz der Vorkalkulation eines Produktes oder einer Dienstleistung unterscheiden.

Zunächst jedoch: Warum brauchen wir eine Vorkalkulation und eine Nachkalkulation?

Die erstere zur Berechnung eines neuen Produktes im Vorfeld einer Fertigung zur Ermittlung eines Angebotspreises, dient letztere zur Kontrolle der tatsächlich angefallenen Kosten und Leistungen.

Dieser Prozess ist wichtig, vor allem für junge Unternehmen, die mit neuen Produkten und Ideen frisch am Markt sind und daher noch über keine oder nur geringe Erfahrungen und Werte verfügen.

Doch wie kalkuliert man denn nun eigentlich sein Angebot, bevor man den Markt damit testet?

Diese Frage ist so nicht leicht zu beantworten, am besten indem man sagt: es kommt darauf an, in welchem Wirtschaftssektor (Landwirtschaft, Bauwirtschaft,

Handel, Industrie, oder Dienstleistungsbereich) man sich befindet. Denn in der Geschichte der Betriebswirtschaftslehre haben sich für einige Sektoren und Branchen ganz bestimmte, zweckmäßige Verfahren der Kalkulation als sinnvoll und nützlich erwiesen. Und um die Sache noch etwas zu verkomplizieren, sei hier noch erwähnt, dass die Art der Fertigung auch noch einen wesentlichen Einfluss auf das Kalkulationsverfahren hat. So wird z.B. bei der Massenproduktion von Gütern die Divisionskalkulation angewendet, während bei der Einzel- und Serienfertigung die **Zuschlagskalkulation** zum Einsatz kommt. Weitere Verfahren sind z.B. die Kostenvergleichsrechnung, die Kundenkalkulation, die Auftragskalkulation, die Profitcenterkalkulation oder auch die Produktkalkulation. Die Baukalkulation im Bauhauptgewerbe ist dabei wieder völlig anders aufgebaut und vielschichtiger, da es meist um die Kalkulation eines größeren Einzelprojektes geht.

Nachstehend sei daher beispielhaft die **mehrstufige Zuschlagskalkulation** zur Ermittlung eines Angebotspreises dargestellt, wie sie bei der Einzel- und Serienfertigung, unter Berücksichtigung von Einzel- und Gemeinkosten, in der Industrie zum Einsatz kommt:

Materialeinzelkosten

\+ Sondereinzelkosten des Materials

\+ Materialgemeinkosten

= <u>Materialkosten</u>

\+ Fertigungslöhne

\+ Fertigungseinzelkosten

\+ Fertigungsgemeinkosten

\+ Sondereinzelkosten der Fertigung

\+ Maschinenkosten

= Fertigungskosten

= Herstellkosten der Produktion

\- Bestandserhöhungen

\+ Bestandsminderungen

= Herstellkosten des Umsatzes

\+ Verwaltungsgemeinkosten

\+ Vertriebsgemeinkosten

\+ Sondereinzelkosten des Vertriebs

= Selbstkosten

\+ Gewinnzuschlag

= Barverkaufspreis

\+ Skonto

\+ Vertreterprovision

= Zielverkaufspreis

\+ Rabatt

= **Listenverkaufspreis**

Zugegeben, es ist diese Form der Kalkulation eine sehr umfangreiche. Sie zeigt jedoch beispielhaft auf, wie viele Faktoren aus der Kosten- und Leistungsrechnung berücksichtigt werden müssen, um einen kostendeckenden und Gewinn abwerfenden Angebotspreis zu ermitteln.

Abschließend lässt sich sagen, dass die Kalkulation von Kosten, Leistungen und Preisen in fast allen Unternehmen **unterschiedlich gehandhabt** wird, wobei gewisse Gemeinsamkeiten noch am ehesten in der Art der eingesetzten Kalkulationsverfahren zu erkennen sind. Für den jungen Unternehmer bleibt daher an dieser Stelle nur der Rat, sich über die branchenüblichen Kalkulationsverfahren zu informieren und ihren Einsatz auf Nützlichkeit für das eigene Unternehmen zu testen. Dabei sollte jedoch beachtet werden, dass der Unternehmenserfolg immer nur so gut ist wie die Kalkulation es gestattet. Und eine Kontrolle mittels Nachkalkulation ist die beste Versicherung gegen unliebsame Überraschungen beim Unternehmenserfolg.

6.3 Investitionsplanung und -kontrolle

Bei den anfänglichen Investitionen im eigenen Betrieb handelt es sich in der Regel um die Anschaffung der benötigten Betriebseinrichtung. Wobei man betriebswirtschaftlich unter Investitionen alle Auszahlungen eines Unternehmens, das es für Vermögenswerte bewirkt, versteht. Da diese Vermögenswerte bilanziell auf der Aktivseite der Bilanz stehen, bietet es sich an, den Investitionsbedarf analog der Gliederung der Aktivseite zu gestalten.

Anlagevermögen:

- *Ausgaben für Konzessionen, Patente, Lizenzen*
- *Anschaffungskosten Grund- und Boden*
- *Ausgaben für gewerbliche Gebäude*
- *Anschaffungskosten Maschinen und Anlagen*
- *Ausgaben für Fahrzeuge*
- *Anschaffungskosten Betriebs- und Geschäftsausstattung*

Umlaufvermögen:

- *Ausgaben für unfertige und fertige Waren*
- *Erstausstattung an Roh- Hilfs- und Betriebsstoffen*

*= **Gesamter Investitionsbedarf***

Hinzuweisen ist noch auf die Beachtung von Nebenkosten wie z.B.

- Notarkosten,
- Maklerprovisionen,
- Steuern,
- Transportkosten und ähnliches.

Gehen Sie bei der Aufstellung Ihrer Investitionen und Nebenkosten immer von einem Preis am oberen Ende der Preisskala aus. Kalkulieren Sie höhere, aber noch realistische Anschaffungs- und Nebenkosten ein, um auch die Möglichkeiten der Finanzierbarkeit zu tes-

ten. Dies gilt insbesondere, wenn Sie noch keine konkreten Angebote vorliegen haben, sondern auf Basis von Kostenvoranschlägen kalkulieren müssen.

Bei der **Investitionsplanung** sollte nicht nur vollständig geplant, sondern auch versucht werden, zeitliche und sachliche Entscheidungsparameter mit zu beachten. Fragestellungen wie: muss am Anfang alles perfekt sein, oder kann eine Investition auch noch etwas warten, bis z.B. die ersten Umsätze getätigt und Liquidität bereits vorhanden sind? Oder: muss das Investitionsobjekt neu sein, oder kann es für die erste Zeit auch ein gebrauchter, aber noch nutzbares Investitionsgut sein? Insbesondere bei technischer Ausstattung wie Maschinen und Anlagen können auch gebrauchte Güter einen durchaus noch hohen Effizienzgrad aufweisen, genauso bei baulichen Investitionen: Muss es gleich der Erwerb sein, oder ist nicht Miete günstiger und lässt dem jungen Unternehmer mehr Flexibilität in Bezug auf örtliche und räumliche Gegebenheiten, um schneller reagieren zu können?

Wichtig in diesem Zusammenhang ist, dass Sie die **Ausgaben sorgfältig planen** und in einem Investitionsplan zusammenfassen. Ist dieser aufgestellt, muss er mit den Möglichkeiten der Finanzierung abgeglichen und in den Finanzplan eingebaut werden (siehe Kapitel 4.9). Für die Folgejahre ist dabei zu berücksichtigen, dass eventuelle Fremdmittel einen Kapitaldienst (Zinsen und Tilgungen) bedingen und diese finanzielle Belastung auch langfristig durch das Unternehmen in Form positiver Cashflows zu erwirtschaften ist. Bei größeren Investitionen im Produktionsbereich ist es darüber hinaus notwendig, sich über die Vorteilhaftigkeit und Rentabilität der

Investition intensiv Gedanken zu machen. Um eine statische oder dynamische Investitionsrechnung wird man dabei nicht umhin kommen. Und ist dann die Investition getätigt und trägt sie zum Unternehmenserfolg bei, ist die Kontrolle und ggfs. Nachkalkulation der Investition ein wichtiges Instrument, um zukünftige Investitionen in Ihrem Entscheidungsverlauf sicher zu machen und so Schritt für Schritt mehr Erfahrungen im Umgang mit Investitionsentscheidungen unter Risiko zu erlangen.

6.4 Controlling mit System

Controlling für Existenzgründer? Steuerungsinstrumente für junge Unternehmen? Ja, muss das denn sein?

Der Begriff „Controlling" leitet sich aus dem angelsächsischen Begriff „to control" her, was in etwa so viel bedeutet wie lenken, steuern, regeln, beherrschen, leiten.

Controlling hat sich dabei als Konzept der Unternehmensführung zur Steuerung und Lenkung von Unternehmen bewährt. Dabei geht es im Controlling immer um die wesentlichen Kernpunkte des Systems, das Planen, Kontrollieren und Informieren. Hauptziel des Controllings ist es, das Unternehmen heute erfolgreicher zu machen und zukünftige Chancen wahrzunehmen. Um jedoch ein Unternehmen erfolgreich zu steuern, bedarf es einer konkreten Zielvorstellung, eine Soll-Zustandes in der Zukunft, den es zu erreichen gedenkt. Ist dieser einmal definiert, setzt die Planung der Umsetzung der benötigten Schritte ein, sowohl aufbauorganisatorisch als auch ablauforganisatorisch. Wobei bei der **Zieldefinition** eines Soll-Zustandes das **SMART-Prinzip** gute Dienste bieten kann.

*Denn **SMART** bedeutet in diesem Zusammenhang, das Ziel muss folgende Merkmale aufweisen:*

1. *Specific (= spezifisch)*
2. *Measurable (= mess- und bewertbar)*
3. *Attractive (= attraktiv und motivierend)*
4. *Realizable (= realisierbar)*
5. *Timed (= terminierbar)*

Nur unter vorgenannten Bedingungen ist ein Ziel als ein in der Zukunft anzustrebender Zustand für die am Zielprozess beteiligten Personen greifbar und umsetzbar.

Unterschieden wird das Controlling grundsätzlich in die Bereiche

1. *operatives Controlling und*
2. *strategisches Controlling.*

Beim **operativen Controlling** ist der Planungshorizont kurzfristig. Es stehen dabei Liquiditäts-, Rentabilitäts- und Wirtschaftlichkeits-Zahlen zur Planung an.

Das **strategische Controlling** ist dagegen mittel- bis langfristig angelegt, hier stehen Erfolgsfaktoren und Erfolgspotentiale sowie die damit einhergehenden Chancen und Risiken zur Planung an.

Wichtigste Voraussetzung für die frühzeitige Einführung eines Controllingsystems ist, dass das Rechnungswesen mit seinen Ist-Zahlen aktuell und gut strukturiert ist (siehe Kapitel 6.2.1.). Die Quantität und Qualität des vorhandenen

Zahlenmaterials bestimmen dabei die Planungsgüte und erhöhen somit auch die Erfolgschancen einer zukunftsorientierten Unternehmensführung. Nur so können die Sollzahlen vernünftig und realistisch erstellt werden, denn dies ist nicht nur zur Steuerung des Unternehmens intern wichtig, sondern auch zunehmend als externes Informationsmedium z.B. für Fremdkapitalgeber.

Controlling und der damit einhergehende Planungs- und Steuerungsprozess sind dabei keine Selbstläufer. Durch permanentes oder zumindest turnusmäßiges Abgleichen der geplanten Sollzahlen und der erreichten Ist-Zahlen soll der Unternehmer einen aktuellen Einblick erhalten und vor allem auch die Möglichkeit, bei Abweichungen frühzeitig geeignete Gegenmaßnahmen zu ergreifen. Ein wichtiges Hilfsmittel zur internen Steuerung können dabei Kennzahlen aus dem Rechnungswesen sein, wie sie im nun folgenden Kapitel vorgestellt werden.

6.5 Kennzahlen

Einige wichtige Kennzahlen haben wir bereits in den vorangegangenen Kapiteln kennengelernt. So z.B. die Eigenkapitalquote im Zusammenhang mit dem bankinternen Rating, oder den Cashflow, der zur Aufrechterhaltung der jederzeitigen Zahlungsfähigkeit von besonderer Bedeutung ist, aus dem auch der Kapitaldienst für Eigen- und Fremdkapitalgeber zu zahlen ist.

Im Zusammenhang mit der **Zahlungsfähigkeit** spielen auch die verschiedenen Grade der Liquiditätskennziffern eine wichtige Rolle. Neben der „reinen" Liquidität in Form von Kassen- und Bankguthaben (Wertpapiere mit ihrem eher langfristigen Charakter werden für junge Unternehmen zunächst nicht von wesentlicher Bedeutung sein), ist beim sonstigen Umlaufvermögen vor allem auf eine Überwachung der ausstehenden Forderungen (Debitoren) mittels eines einfachen, aber wirksamen Mahnwesen zu achten. Denn das Geld, das Sie Ihren Kunden durch die Einräumung eines Zahlungsziels als Kredit zugestehen (Lieferantenkredit!), schmälert Ihre tagesaktuelle Liquidität und gefährdet unter Umständen Ihre Zahlungsfähigkeit.

Es ist daher darauf zu achten, wenn Sie schon ***Zahlungsziele*** *einräumen müssen, dass diese nicht schamlos durch Ihre Kunden ausgenutzt und der Fälligkeitstermin überzogen werden. Die entsprechende Kennziffer ist die so genannte Debitorenlaufzeit (Summe Forderungen X 360 geteilt durch Jahresumsatz), die angibt, wie lange Sie durchschnittlich, gemessen in Tagen, auf den Eingang Ihres Geldes warten müssen. Dabei gilt: je kürzer desto besser! Denn das ausstehende Geld ist notwendig, um Ihrerseits die regelmäßigen und außerplanmäßigen Zahlungen leisten zu können.*

Neben diesen vorgenannten Kennzahlen, die vor allem für das Rating relevant sind, spielen die Umsatzrentabilität und die Eigenkapitalrentabilität eine maßgebende Rolle. Diese Zahlen drücken die **Profitabilität** des Unternehmens gemessen am Umsatz (Fragestellung: wie viel Cent verdiene ich je 1 € Umsatz?) aus, oder im zweiten Fall die **Rentabilität** des vom Unternehmer oder externen Investor eingesetzten Eigenkapital aus.

Bei beiden gilt: Je höher der Wert an sich, desto erfolgreicher ist das Unternehmen am Markt.

Interessant sind diese beiden Kennzahlen dabei immer im **Quervergleich mit anderen Unternehmen**. Vergleichen sollte man sich jedoch immer nur innerhalb der eigenen Branche und hier auch nur mit Unternehmen in vergleichbarer Umsatzgröße.

Weitere relevante Kennzahlen zur Unternehmensteuerung (Controlling) sind der **Deckungsbeitrag** auf der Kostenseite und die **Kundenprofitabilität** auf der Absatzseite.

Der Deckungsbeitrag gibt dabei an, wie viel Umsatz nach Abzug der beschäftigungs- und absatzabhängigen variablen Kosten an Deckungsbeitrag übrig bleibt, um die fixen, eben nicht beschäftigungs- und umsatzabhängigen Kosten abzudecken. Wird diese Deckungsbeitragsrechnung nach Produkten und Produktgruppen ausgerichtet, ist es ein äußerst nützliches Steuerungsinstrument und kann als Bestandteil des Marketings im Rahmen der Preispolitik eingesetzt werden.

Die Kundenprofitabilität wiederum misst den Ertrag nach Abzug der variablen Vertriebs- und Verwaltungskosten je Kunde oder Kundengruppe. Diese wird insbesondere bei der Zielgruppen-Analyse eingesetzt und soll bei der zielgerichteten Ausrichtung der Vertriebsaktivitäten unterstützen.

Kurzfristige Erfolgsrechnung auf Deckungsbeitragsbasis

	Monat absolut	Produktgruppe in Prozent
Bruttoumsätze		
- Erlösschmälerungen		
= **Nettoumsatz**		
- Fertigungskosten (Material, Löhne)		
- Energiekosten, Verpackung, Frachtkosten		
-/+ Bestandsveränderungen		
= **Deckungsbeitrag I**		
- zurechenbare Fixkosten (Material, Vertrieb)		
= **Deckungsbeitrag II**		
- allgemeine Verwaltungskosten		
- Personal, Geschäftsleitung		
- Rechnungswesen, IT etc.		
= **Betriebsergebnis**		
-/+ neutrales Ergebnis		
= **Unternehmensergebnis**		

Abschließend sei noch eine Kennzahl erwähnt, die für Eigen- und Fremdkapitalgeber ein große Rolle spielt: **Der dynamische Verschuldungsgrad**.

Er gibt an, wie lange es (in Jahren gemessen) dauert, bis ein Unternehmen bei konstantem Cashflow alle seine Verbindlichkeiten (vor allem langfristige Bankdarlehen) entschuldet hat. Hierzu werden die Verbindlichkeiten durch den Cashflow dividiert und anschließend als Jahreszahl ausgedrückt.

Diese Kennziffer ist ein guter Indikator für die Ertragskraft des Unternehmens gemessen am Verschuldungsgrad.

Abschließend zu diesem Kapitel sei auch dieses Mal erklärt, dass der Unternehmer, gemessen an seiner Unternehmensgröße, den Aufwand für die Erstellung und Berechnung von Kennzahlen zur Steuerung seines Unternehmens immer in Relation zu seinem möglichen Nutzen sehen sollte. Letztendlich sollen Kennzahlen aber immer dazu dienen, das Unternehmen erfolgreicher und zukunftsfähiger zu machen.

Kennzahl	Formel	Aussage
Eigenkapitalquote	$\frac{Eigenkapital \times 100}{Gesamtkapital}$	Gibt Auskunft über die relative Höhe des Eigenkapitals bzw. die finanzielle Abhängigkeit von Gläubigern. Richtwert: nicht unter 30%
Eigenkapitalrentabilität	$\frac{Gewinn\ vor\ Steuern \times 100}{Gesamtkapital}$	Gibt Auskunft über die Verzinsung des eingesetzten Eigenkapitals. Empfohlener Richtwert: nicht unter den am Markt erhältlichen Zinsen für Fremdkapital

Fremdkapitalquote	$\frac{Fremdkapital \times 100}{Gesamtkapital}$	Gibt Auskunft über die relative Höhe des Fremdkapitals bzw. die finanzielle Unabhängigkeit von Gläubigern.
Finanzierungsverhältnis	$\frac{Eigenkapital \times 100}{Fremdkapital}$	Zeigt das Verhältnis von Eigenkapital zu Fremdkapital an. Nach der sog. Goldenen Finanzierungsregel sollten sich Eigen- und Fremdkapital die Waage halten.
Forderungsintensität	$\frac{Kundenforderungen \times 100}{Gesamtvermögen}$	Zeigt an, wie viel die Außenstände im Verhältnis zum unternehmerischen Gesamtvermögen ausmachen.
Verschuldungsgrad	$\frac{Fremdkapital \times 100}{Eigenkapital}$	Zeigt das Verhältnis von Fremdkapital zu Eigenkapital an. Nach der sog. Goldenen Finanzierungsregel sollten sich Eigen- und Fremdkapital die Waage halten.
Umsatzrentabilität	$\frac{Gewinn\ vor\ Steuern \times 100}{Umsatz}$	Zeigt den Gewinn im Verhältnis zum getätigten Umsatz an.
Umschlagshäufigkeit (Handel)	$\frac{Materialaufwand}{Fertigerzeugnisse + Waren}$	Gibt v.a. Auskunft über die Kapitalbindung.

Umschlagshäufigkeit (Produktion)	$\frac{Materialaufwand}{Roh-, Hilfs-, Betriebsstoffe}$	Gibt v.a. Auskunft über die Kapitalbindung.
Mitarbeiterproduktivität	$\frac{Umsatz}{durchs. Beschäftigtenzahl}$	Zeigt den Umsatz im Verhältnis zu den beschäftigten Mitarbeitern an.
Mitarbeiterrentabilität	$\frac{Gewinn}{durchs. Beschäftigtenzahl}$	Zeigt den Gewinn im Verhältnis zu den beschäftigten Mitarbeitern an.
Liquidität 1. Grades	$\frac{flüssige\ Mittel\ \times 100}{sofort\ fällige\ Verbindl.}$	Misst, inwieweit aus den vorhandenen flüssigen Mitteln die sofort fälligen Verbindlichkeiten gedeckt werden könnten. Sehr kurzfristige Kennzahl, die sich u.U. täglich ändern kann. Es kann als guter Wert angesehen werden, wenn die Kennzahl bei 10% liegt.
Liquidität 2. Grades	$\frac{(fl. M. + Forderungen)\ \times 100}{kurzfr. Schulden}$	Misst, inwieweit aus den kurzfristig und leicht verkäuflichen Vermögensgegenständen die laufenden, kurzfristigen Verbindlichkeiten gedeckt werden könnten. Sehr kurzfristige Kennzahl, die sich u.U. täglich ändern kann. Ideal ist, wenn

		die Kennzahl zwischen 100% und 120% liegt.
Liquidität 3. Grades	$\frac{Umlaufvermögen \times 100}{kurzfr.\ Schulden}$	Misst, inwieweit aus den kurz- und mittelfristig zu verkaufenden Vermögensgegenständen die laufenden, kurzfristigen Verbindlichkeiten gedeckt werden könnten. Eine umsatzbedingte Liquidität von 150% bis 200% ist als hoch anzusehen.
Cashflow (Bargeldzufluss)	*Betriebsergebnis* + *Abschreibungen* + *Erhöhung langfristiger Rückstellungen*	Drückt aus, welcher Überschuss (Betriebseinnahmen abzüglich Betriebsausgaben) in einer Periode aus eigener Kraft erwirtschaftet worden ist.
Wertschöpfung	*Materialaufwand* + *Steuern* + *Zinsen* + *Jahresüberschuss*	Drückt aus, welchen „Mehrwert" das Unternehmen den Waren oder bezogenen Roh-, Hilfs- und Betriebsstoffen hinzugefügt hat.

7 Wer Erfolg hat, muss Steuern zahlen – Steuerpflichten haben auch Gründer

Grundsätzlich sind natürlich alle Steuern wichtig – vor allem, wenn man sie bezahlen muss oder – noch schlimmer – nicht damit gerechnet hat, sie bezahlen zu müssen.

Alles, was Sie für Ihr Unternehmen ausgeben, sind Betriebsausgaben und mindern den steuerpflichtigen Gewinn.

Seien Sie aber im eigenen Interesse höchst misstrauisch, sobald Sie den Satz „Das kannst Du doch von der Steuer absetzen" hören. Ohne dass Sie ein mathematisches Genie sein müssen, dürfte Ihnen klar sein, dass Sie zunächst einmal 100 % ausgeben müssen, um damit zwischen 30 und 40 % Steuern zu sparen. Fazit: Ausgaben ja, aber nur dann, wenn sie auch wirtschaftlich sinnvoll sind. Dann nämlich ist das Steuernsparen das „Sahnehäubchen" und so muss es sein.

7.1 Überblick über die wichtigsten Steuerarten

Als Selbstständiger und Unternehmer – wenn auch „nur" im Nebenbei – müssen Sie Ihr besonderes Augenmerk auf die Einkommen- und die Lohnsteuer (falls Sie Mitarbeiter haben), die Gewerbe- (falls Sie ein Gewerbe betreiben) und die Umsatzsteuer richten. Ganz besonders wichtig sind im Steuer-Kanon die Lohn- und die Umsatzsteuer. Denn bei beiden versteht das Finanzamt „überhaupt" keinen Spaß. Der Grund: Bei der Lohnsteuer behalten Sie die Steuer auf Rechnung Ihrer Arbeitnehmer ein und müssen Sie für diese ans Finanzamt abführen. Die Umsatzsteuer „kassieren" Sie von Ihren Kunden und müssen Sie – ebenfalls für diese – ans Finanzamt abführen. Sie sind also lediglich eine Art „Durchlaufstation" und verwalten im strengen Wortsinn fremdes Geld. Wer sich hier Unregelmäßigkeiten zuschulden kommen lässt, wird in Haftung genommen – übrigens auch als GmbH-Geschäftsführer.

Überblick über die wichtigsten unternehmerischen und privaten Steuern

Einkommensteuer	Steuer der Einzelunternehmer, Freiberufler, Personengesellschafter, GmbH-Gesellschafter
Lohnsteuer	Steuer der abhängig Beschäftigten, also aller steuerlichen Arbeitnehmer, zu denen auch GmbH-Geschäftsführer gehören, Unterart der Einkommensteuer,
Körperschaftsteuer	Steuer der Kapitalgesellschaften/Körperschaften, z.B. GmbH
Solidaritätszuschlag	betrifft alle Steuerzahler und ist eine (angeblich) vorübergehende Zusatzsteuer auf die Einkommen- und Körperschaftsteuer
Umsatzsteuer	betrifft alle Unternehmer
Gewerbesteuer	betrifft alle Gewerbetreibenden; bei Personengesellschaften oder Einzelunternehmen gibt es Freibeträge
Erbschaft- und Schenkungsteuer	betrifft alle Steuerzahler, also auch Studierende, die etwas geerbt oder geschenkt bekommen haben

7.2 Das sind Ihre steuerlichen Pflichten

Viele Unternehmer haben in regelmäßigen Abständen – monatlich, quartalsweise oder jährlich – festgelegte Pflichten, was die Abgabe von Steuererklärungen und Steuervoranmeldungen anbelangt.

Einzelunternehmer

So muss ein Einzelunternehmer monatlich, vierteljährlich oder jährlich abgeben oder leisten:

[1] Umsatzsteuer-Sondervorauszahlung im Februar jeden Jahres bei monatlicher Abgabe der Umsatzsteuervoranmeldung

[2] Umsatzsteuervoranmeldung

[3] Umsatzsteuererklärung

[4] Gewerbesteuererklärung

[5] zusammenfassende Meldungen für innergemeinschaftliche Geschäfte (nur vierteljährlich)

[6] Lohnsteueranmeldung (wenn er Mitarbeiter beschäftigt)

Jährlich muss er – teils auch für seinen privaten Bereich – eine Einkommensteuererklärung abgeben. Dabei hat er zumindest den Mantelbogen sowie die Anlage ESt 1 A für die Einkommensteuer und die Anlage G für seinen Gewinn aus Gewerbebetrieb, abzugeben.

Je nach Ihrer weiteren privaten Situation als Einzelunternehmer müssen Sie zum Mantelbogen weitere Formulare abgeben.

Gesellschafter in einer Personengesellschaft

Für die Gesellschaft sind monatlich, vierteljährlich oder jährlich folgende Erklärungen oder Voranmeldungen abzugeben bzw. zu leisten:

[1] Umsatzsteuer-Sondervorauszahlung im Februar jeden Jahres bei monatlicher Abgabe der Umsatzsteuervoranmeldung

[2] Umsatzsteuervoranmeldung

[3] Umsatzsteuererklärung

[4] zusammenfassende Meldungen für innergemeinschaftliche Geschäfte (nur vierteljährlich)

[5] Lohnsteueranmeldung (wenn Mitarbeiter beschäftigt werden)

[6] Erklärung zu gesonderten und einheitlichen Feststellung von Besteuerungsgrundlagen für die Einkommensbesteuerung

[7] Anlage G, hier wird der Gewinn oder Verlust der Personengesellschaft eingetragen

[8] Gewerbesteuererklärung

[9] Umsatzsteuererklärung

Wenn Sie an einer Personengesellschaft beteiligt sind, wird Ihr Gewinnanteil einheitlich und gesondert festgestellt. Im privaten Bereich müssen Sie deshalb eine Einkommensteuererklärung abgebe, der zumindest den Einkommensteuererklärung Mantelbogen, Anlage ESt 1 A und die Anlage G für Ihren Gewinn aus

Gewerbebetrieb umfasst. Alle anderen Anlagen fallen je nach Ihrer persönlichen Situation an.

Freiberufler, Selbstständige

Als Freiberufler müssen Sie folgende steuerlichen Pflichten monatlich, vierteljährlich oder jährlich erfüllen:

[1] Umsatzsteuer-Sondervorauszahlung im Februar jeden Jahres bei monatlicher Abgabe der Umsatzsteuervoranmeldung – nur wenn umsatzsteuerpflichtige Umsätze erzielt werden

[2] Umsatzsteuervoranmeldung – nur wenn umsatzsteuerpflichtige Umsätze erzielt werden

[3] Umsatzsteuererklärung – nur wenn Sie nicht umsatzsteuerbefreite Umsätze erzielen

[4] Lohnsteueranmeldung

Im privaten Bereich müssen Sie eine Einkommensteuererklärung abgeben, die neben dem Mantelbogen und der Anlage ESt 1 A zumindest die noch die Anlage EÜR, auf der Sie den Gewinn oder Verlust aus Ihrer freiberuflichen Tätigkeit eintragen.

GmbH-Gesellschafter-Geschäftsführer oder Gesellschafter-Geschäftsführer einer haftungsbeschränkten Unternehmergesellschaft (UG)

Ein UG- oder GmbH-Gesellschafter-Geschäftsführer muss monatlich, vierteljährlich oder jährlich abgeben oder leisten:

[1] Umsatzsteuer-Sondervorauszahlung im Februar jeden Jahres bei monatlicher Abgabe der Umsatzsteuervoranmeldung

[2] Umsatzsteuervoranmeldung

[3] Umsatzsteuererklärung

[4] Zusammenfassende Meldungen für innergemeinschaftliche Geschäfte (nur vierteljährlich)

[5] Lohnsteueranmeldung (immer, denn der Geschäftsführer gilt als steuerlicher Arbeitnehmer)

[6] Körperschaftsteuererklärung – KSt 1 A

[7] Anlage A – für die nicht abziehbaren Aufwendungen

[8] Anlage WA – für weitere Angaben, wie anzurechnende Körperschaftsteuer, Kapitalertragsteuer und Solidaritätszuschlag sowie Gewinnausschüttungen

[9] Gewerbesteuererklärung

[10] Kapitalertragsteuererklärung (Abgeltungsteuer), wenn Ausschüttungen erfolgten

Natürlich treffen die Pflichten zur Abgabe der betrieblichen Steuererklärungen auch den GmbH-Geschäftsführer, der nicht gleichzeitig Gesellschafter ist.

Je nach Ihrer weiteren privaten Situation müssen Sie als Gesellschafter-Geschäftsführer jährlich neben dem Mantelbogen zur Einkommensteuererklärung zumindest die Anlage N abgeben. Hier ist der Arbeitslohn, also das von der GmbH bezogene Entgelt für die Geschäftsführungstätigkeit einzutragen.

Die Einkommensteuer

Die Einkommensteuer ist eine Jahressteuer. Das, was einem Steuerpflichtigen vom 1.1. bis zum 31.12. eines jeden Jahres als Einkommen zugeflossen ist, muss er versteuern. Ihr Einkommen, als Unternehmer setzt sich – vereinfacht gesagt – zusammen aus den Betriebseinnahmen, die Sie haben, abzüglich der Betriebsausgaben. Weitere Einkünfte kommen natürlich dazu, hängen aber von Ihrer privaten Situation ab. Die Einkommensteuerschuld entsteht jährlich, wenn das Kalenderjahr abgelaufen ist. Allerdings müssen Vorauszahlungen geleistet werden: Unternehmer und Freiberufler leisten viermal jährlich eine Einkommensteuervorauszahlung, die sich nach ihrem geschätzten zukünftigen Jahreseinkommen richtet. Steuerliche Arbeitnehmer, zu denen beispielsweise auch an der GmbH beteiligte GmbH-Geschäftsführer gehören, leisten ihre Vorauszahlungen auf die jährliche Einkommensteuerschuld in Form der Lohnsteuer, die monatlich vom Arbeitgeber direkt vom Arbeitseinkommen einbehalten und als „Quellenabzugssteuer" direkt an das Finanzamt überwiesen wird.

Die Einkommensteuer ist eine Ertragsteuer, die ihrerseits nicht die Steuerschuld mindern darf. Die Einkommensteuer kann also weder als Betriebsausgabe noch als Werbungskosten geltend gemacht werden.

Was unterliegt der Einkommensteuer?

Die Einkommensteuer erfasst nur die Einkünfte, die unter den sieben Einkunftsarten im Gesetz genannt sind. § 2 EStG nennt abschließend alle sieben Einkunftsarten, die steuerpflichtig sind: Die Einkünfte aus Land- und Forstwirtschaft, die aus Gewerbebetrieb, die aus selbstständiger Arbeit, aus nichtselbstständiger Arbeit, aus Kapitalvermögen (Achtung: Abgeltungsteuer), aus Vermietung und Verpachtung sowie die sonstigen Einkünfte im Sinne des § 22 EStG.

Das zu versteuernde Einkommen, also das Einkommen, das versteuert werden muss, berechnet sich nach dem folgenden (etwas verkürzten) Schema:

	Einkünfte aus Land- und Forstwirtschaft
+	Einkünfte aus Gewerbebetrieb
+	Einkünfte aus selbstständiger Arbeit
+	Einkünfte aus nichtselbstständiger Arbeit
+	Einkünfte aus Kapitalvermögen (falls nicht bereits über Abgeltungsteuer erledigt, sonst Teileinkünfteverfahren 60 %),
+	Einkünfte aus Vermietung und Verpachtung
+	Sonstige Einkünfte
=	**Summe der Einkünfte** (aus den Einkunftsarten)
-	Altersentlastungsbetrag (§ 24 a EStG)
-	Abzug für Land und Forstwirte (§ 13 Abs. 3 EStG)
=	**Gesamtbetrag der Einkünfte** (§ 2 Abs. 3 EStG)

-	Sonderausgaben (§§ 10, 10b, 10c EStG, z.B. Ausbildung 6.000 Euro)
-	außergewöhnliche Belastungen (§§ 33 – 33c EStG)
=	**Einkommen** (§ 2 Abs. 4 EStG)
-	Kinderfreibetrag (§ 32 Abs. 6 EStG)
-	die sonstigen vom Einkommen abzuziehenden Beträge
=	**zu versteuerndes Einkommen** (§ 2 Abs. 5 EStG)

Die Einkunftsarten 1 bis 3 nennt man **Gewinneinkunftsarten**, die Einkunftsarten 4 bis 7 **Überschusseinkunftsarten**.

Bei den Gewinneinkünften sind die Einkünfte der Betrag, um den die Betriebseinnahmen die Betriebsausgaben übersteigen.

Bei den Überschusseinkünften sind die Einkünfte der Betrag, um den die Einnahmen die Werbungskosten übersteigen. Werbungskosten sind dabei alle Ausgaben, die im Zusammenhang mit der Erzielung von Einnahmen, die zu den Überschusseinkünften rechnen, notwendigerweise gemacht wurden.

Einkünfte aus Gewerbebetrieb

Einkünfte aus Gewerbebetrieb sind beispielsweise

[1] Einkünfte aus gewerblichem Einzelunternehmen

[2] Einkünfte aus Mitunternehmerschaften, also Gewinnanteile und Sondervergütungen der Gesellschafter einer OHG, KG und GmbH & Co. KG

[3] nachträgliche gewerbliche Einkünfte

[4] Gewinne oder Verluste aus der Veräußerung eines ganzen Betriebs oder Teilbetriebs

[5] Gewinne oder Verluste aus der Veräußerung einer Beteiligung, die zu 100 % zu einem Betriebsvermögen gehört

[6] Gewinne oder Verluste aus der Veräußerung eines Mitunternehmeranteils.

Einkünfte aus selbstständiger Arbeit

Auch Einkünfte aus selbstständiger Arbeit gehören zu den Gewinneinkünften, bei denen der erzielte Gewinn die Besteuerungsgrundlage ist.

§ 18 Abs. 1 EStG definiert den Kreis derjenigen, die zu den Beziehern der Einkünfte aus selbstständiger Arbeit, also zu den Freiberuflern gerechnet werden. Wichtigster Vorteil des Freiberuflertums: Es fällt keine Gewerbesteuer an.

§ 18 EStG definiert selbstständige Arbeit als

[1] freiberufliche Tätigkeit, die sich ihrerseits wieder unterteilt in wissenschaftliche, künstlerische, schriftstellerische, unterrichtende oder erzieherische Tätigkeit;

[2] selbstständige Berufstätigkeit der sogenannten Katalogberufe, und zwar bestimmter Heilberufe (Ärzte, Zahnärzte, Dentisten, Heilpraktiker, Krankengymnasten und Tierärzte), bestimmter rechts- und wirtschaftsberatender Berufe (Rechts- und Patentanwälte, Notare, Wirtschaftsprüfer, vereidigte Buchprüfer (vereidigte Revisoren), Steuerberater, Steuerbevollmächtigte sowie beratende Volks- und Betriebswirte), bestimmter technischer und naturwissenschaftlicher Berufe (Architekten, Ingenieure, Vermessungsingenieure und Handelschemiker), bestimmte Kommunikationsberufe (Journalisten, Bildberichterstatter sowie Dolmetscher und Übersetzer), der Lotsen und diesen ähnlicher Berufe.

[3] die Einkünfte aus sonstiger selbstständiger Arbeit, zu denen beispielsweise die Tätigkeit als Testamentsvollstrecker, Vermögensverwalter und Aufsichtsratsmitglied sowie diesen ähnliche Tätigkeiten gehören.

Zu den Einkünften aus selbstständiger Tätigkeit zählen also vor allem die Einkünfte aus freiberuflicher Tätigkeit.

Aus zwei Gründen aber ist die Einordnung von Einkünften bei den Freiberuflichen nicht so problemlos, wie es zunächst den Anschein haben mag:

[1] § 18 Abs. 1 EStG nennt neben den Katalogberufen und -tätigkeiten auch „ähnliche Berufe". Damit sind Abgrenzungsschwierigkeiten Tür und Tor geöffnet – die Rechtsprechung dazu füllt Bände.

[2] Die „Durchfärbetheorie" drückt einer eigentlich freiberuflichen Tätigkeit den Stempel der Gewerblichkeit auf, wenn gewerbliche und freiberufliche Tätigkeiten gemischt werden. Die Folge: Alle Einkünfte werden als Einkünfte aus Gewerbebetrieb angesehen. Ausnahme: die gewerbliche (Zusatz-)Tätigkeit ist absolut gering.

Abgrenzung zwischen Gewerbebetrieb und selbstständiger Arbeit

Eine Abgrenzung zwischen den Arten der Einkünfte aus Gewerbebetrieb und denen aus selbstständiger Arbeit ist mitunter sehr schwierig, weil beide übereinstimmend die zur Abgrenzung gedachten Merkmale aufweisen:

[1] Selbstständigkeit in objektiver und subjektiver Richtung,
[2] Nachhaltigkeit der Tätigkeit,
[3] Gewinnerzielungsabsicht, selbst wenn sie nur Nebenzweck ist,
[4] Beteiligung am allgemeinen wirtschaftlichen Verkehr.

Die Abgrenzung der Einkünfte hat nicht nur einkommensteuerliche Folgen, sondern sie hat vor allem deshalb erhebliche Bedeutung, da nur die Einkünfte aus Gewerbebetrieb der Gewerbesteuer unterliegen. Und die Abschaffung der Gewerbesteuer – also auch die der Gewerbeertragsteuer – ist derzeit nicht in Sicht.

Das Einkommensteuergesetz grenzt nicht positiv, sondern nur negativ ab: § 15 Abs. 2 EStG nennt einen Gewerbebetrieb alles, was – ohne Land- und Forstwirtschaft oder freier Beruf oder andere selbstständige Tätigkeit zu sein – eine selbstständige nachhaltige Betätigung ist, die mit der Absicht, Gewinn zu erzielen, unternommen wird und sich als Beteiligung am allgemeinen wirtschaftlichen Verkehr darstellt. Zu Abgrenzung ist es also notwendig, die Katalogberufe und -tätigkeiten des § 18 EStG zu Rate zu ziehen. Aber auch die Begriffsbestimmung der selbstständigen Arbeit in § 18 EStG ist – trotz der Umschreibungen – unscharf, so dass immer wieder die Gerichte zu Einzelfallentscheidungen herangezogen werden müssen.

Einkommensteuerpflicht

Wer als natürliche Person seinen Wohnsitz oder seinen gewöhnlichen Aufenthalt im Inland hat, ist dem deutschen Fiskus gegenüber unbeschränkt einkommensteuerpflichtig mit sämtlichen Einkünften, gleichgültig aus welchem Teil der Welt sie stammen mögen (§ 1 Abs. 1 EStG). Die Einkommensteuerpflicht hebt nur auf Wohnsitz und gewöhnlichen Aufenthalt im Inland, also die Bundesrepublik Deutschland, ab: Die Staatsangehörigkeit des Steuerpflichtigen spielt dabei kein Rolle. Auch ausländische Studierende, die hier ihren Wohnsitz haben und ein Unternehmen gründen, sind also steuerpflichtig.

Unter **Wohnsitz** versteht man üblicherweise den Ort, an dem jemand eine Wohnung unterhält, und zwar eine Wohnung, die darauf schließen lässt, dass er sie beibehalten und nutzen will. Die üblichen Hotelzimmer auf Geschäftsreisen begründen keinen Wohnsitz. Aber: Ein möbliertes Souterrain-Zimmer kann durchaus einen Wohnsitz begründen.

Mit den meisten Auslands-Staaten aber hat die Bundesrepublik Doppelbesteuerungsabkommen getroffen, Abkommen also, nach denen ein Einkommen nur einmal in einem Staat besteuert werden soll bzw. dass die Steuern, die schon einmal in einem anderen Staat bezahlt wurden, auf die Steuerschuld, die in dem anderen Staat anfällt, angerechnet werden.

Die Berechnung des Erfolgs

Die Gewinneinkünfte, zu denen sowohl die Einkünfte aus selbstständiger Tätigkeit wie die aus Gewerbebetrieb zählen, muss der Unternehmer selbst ermitteln.

Nach § 4 Abs. 1 EStG ist dabei der Gewinn:

	Betriebsvermögen am Schluss des Wirtschaftsjahrs
–	Betriebsvermögen am Schluss des vorangegangenen Wirtschaftsjahrs
+	Entnahmen
–	Einlagen
=	Gewinn

Natürlich kann der Gewinn auch negativ sein. Anstatt also von Gewinn und Verlust zu sprechen, sollte besser allgemein von Erfolg die Rede sein.

Als **Entnahmen** werden alle Wirtschaftsgüter angesehen, die für private Zwecke, also zur Lebensführung für sich selbst, für Angehörige oder für sonstige betriebsfremde Zwecke erfolgt. Es ist gleichgültig, ob die Entnahme in Geld geschieht (Barentnahmen), in Form von Sachen (Waren, Erzeugnisse) oder in Form von Leistungen (Dienstleistungen). Einlagen sind wiederum alle Wirtschaftsgüter, die aus dem Privatvermögen dem Betrieb im Lauf des Jahres zugeführt werden.

Als Jahr wird handelrechtlich das **Wirtschaftsjahr** angesehen. Steuerlich spricht man vom Veranlagungszeitraum, der mit dem Kalenderjahr übereinstimmt. Meist stimmt das Wirtschaftsjahr mit dem Kalenderjahr überein, so dass der handelsrechtliche Jahresabschluss am 31.12. stattfindet. Das muss aber nicht sein, es kann auch ein anderes Wirtschaftsjahr (abweichendes Wirtschaftsjahr) gewählt werden. Dann müssen Sie aber für die steuerlichen Zwecke das Wirtschaftsjahr „aufteilen“ und so die entsprechenden „Teile“ dem jeweilige Veranlagungszeitraum zurechnen.

Grundsätzlich kann der Erfolg auf zwei Arten ermittelt werden:

[1] die Einnahme-Überschuss-Rechnung für Freiberufler und Kleingewerbetreibe,

[2] die Bilanzierung für alle anderen Unternehmer und Kapitalgesellschaften.

Die Nachprüfung der Aufzeichnungen

Die Finanzbehörden prüfen teils in regelmäßigen, teils in unregelmäßigen Abständen, teils lückenlos, teils in Stichproben die Aufzeichnungen der Steuerpflichtigen nach. Diesen Vorgang nennt man Außenprüfung. Im allgemeinen Sprachgebrauch aber hat sich der alte Begriff Betriebsprüfung gehalten und wird inhaltsgleich oft auch von Steuerexperten für Außenprüfung benutzt.

Verlustverrechnung

Positive Einkünfte können mit negativen Einkünften innerhalb der jeweiligen Einkunftsart verrechnet werden. Diese Art der Verlustverrechnung nennt man „horizontaler Verlustausgleich".

Positive Einkünfte bei einer Einkunftsart, z.B. nichtselbstständige Arbeit, können mit Verlusten einer anderen Einkunftsart, z.B. aus Gewerbebetrieb, verrechnet werden. Als Summe der Einkünfte verbleibt nur der saldierte Betrag der positiven und negativen Einkünfte aller Einkunftsarten. Diese Art der Verlustverrechnung nennt man „vertikaler Verlustausgleich".

Nicht „verbrauchte" Verluste können auf das letzte Jahr zurück- oder auf das nächste Jahr vorgetragen werden (Verlustabzug), allerdings nicht uneingeschränkt. So ist z.B. der Verlustrücktrag (§ 10d Abs. 1 EStG) bis zu einem Betrag von 1.000.000 Euro (Stand 2016) – für den, der verheiratet ist, das Doppelte – „erlaubt". Ein Verlustrücktrag ist beispielsweise für Studierende, die vor dem Studium gearbeitet und Geld verdient haben, interessant. So können Sie sich die damals „zu viel" bezahlte Steuer zurückholen und entweder für Ihr Unternehmen oder für Ihren Lebensunterhalt verwenden. Sie können aber auch ganz oder teilweise auf den Verlustrücktrag zugunsten des Verlustvortrags verzichten. Ob sich das lohnt, müssen Sie selbst errechnen.

Auch den Verlustvortrag (§ 10d Abs. 2 EStG) gibt es nicht (mehr) uneingeschränkt. Bleiben nach dem Verlustrücktag noch Verluste „übrig", können lediglich bis zu 1 Million Euro (Ledige, bei Verheirateten das Doppelte) unbeschränkt „auf neue Rechnung" vorgetragen werden. Der dann immer noch nicht ausgeglichene Rest wird nur zu 60 % steuerwirksam, ein dann noch möglicher Rest kann als Verlustvortrag ins übernächste Jahr übertragen werden.

Bei der Gewerbesteuer ist ein Verlustrücktrag nicht möglich.

Persönliche Verhältnisse

Bei der Einkommensteuer kommt es auch auf die ganz persönlichen Verhältnisse des Steuerpflichtigen an, auf die der Staat aus sozialen Erwägungen Rücksicht nehmen will oder wegen des Grundgesetzes nehmen muss. Die Einkommensteuer soll die persönliche steuerliche Leistungsfähigkeit des einzelnen Steuerpflichtigen berücksichtigen. Je mehr verdient wird, desto mehr Steuern sollen bezahlt werden. Aber nicht nur nach oben, sondern auch nach unten gibt es Grenzen: das Existenzminimum muss steuerfrei bleiben.

Neben den Freibeträgen werden die persönlichen Verhältnisse des Steuerpflichten mit Sonderausgaben (§ 10 ff EStG) und außergewöhnlichen Belastungen berücksichtigt.

Unterschied Lohnsteuer zu Einkommensteuer

Die Lohnsteuer ist eine Sonderform der Einkommensteuer und erfasst von den sieben Einkunftsarten nur die Einkünfte aus nichtselbstständiger Arbeit.

Die monatliche Lohnsteuer ist eine Vorauszahlung, die der Arbeitnehmer auf seine Jahressteuerschuld leisten muss. Als steuerlicher Arbeitnehmer gilt auch der an „seiner" GmbH beteiligte GmbH-Geschäftsführer.

Die Lohnsteuer behält der Arbeitgeber für Rechnung des Arbeitnehmers von dessen Arbeitslohn ein, zahlt dem Arbeitnehmer also nur den Netto-Betrag aus. Den Lohnsteuerbetrag meldet der Arbeitgeber dem Finanzamt und überweist die Lohnsteuer, die er von den Arbeitnehmerlöhnen einbehalten hat, für Rechnung der Arbeitnehmer an das Finanzamt.

Achten Sie darauf, dass Sie auch als Unternehmer „im Nebenjob" Löhne und Gehälter von Mitarbeitern richtig errechnen und die Steuer vollständig und pünktlich ans Finanzamt abführen. Tun Sie das nicht, werden Sie Probleme kriegen. Außerdem sind die Finanzämter zwischenzeitlich recht schnell mit Insolvenzanträgen. Das kann für Ihre junge Firma mehr als nur „lästig" sein!

Das Lohnsteuerabzugsverfahren läuft elektronisch (ELSTAM).

Die Körperschaftsteuer

Juristische Personen, also Kapitalgesellschaften (steuerlich: Körperschaften), wie beispielsweise eine GmbH, müssen ihr Einkommen ebenfalls versteuern, und zwar in Form von Körperschaftsteuer. Bei der Körperschaftsteuer werden die Betriebseinnahmen und die Betriebsausgaben nach den Regeln, die im Einkommensteuergesetz zugrunde gelegt werden, ermittelt. Das heißt, die Buchführung und die daraus resultierende Bilanz sowie die Gewinn- und Verlustrechnung sind die Grundlage für die Ermittlung des körperschaftsteuerpflichtigen Gewinns. Die Körperschaftsteuer ist wie auch die Einkommensteuer selbst eine Ertragsteuer, die ihrerseits nicht den Gewinn mindern darf, also kein Kostenfaktor ist.

Das „Einkommen" der Körperschaft, das besteuert werden soll, wird nach den Vorschriften des Einkommensteuergesetzes durch eine ordnungsgemäße Buchführung ermittelt.

Bei einer Kapitalgesellschaft werden alle Einkünfte als Einkünfte aus Gewerbebetrieb behandelt – mit den entsprechenden Konsequenzen der Gewerbesteuerpflicht.

Verträge zwischen der Kapitalgesellschaft und ihren Gesellschaftern sind auch steuerlich anzuerkennen, außer sie sind entweder formfehlerhaft oder unangemessen. Die Kapitalgesellschaft kann die Gegenleistungen an die Gesellschafter als Betriebsausgabe geltend machen, sie mindern also den steuerpflichtigen Gewinn. Solche Verträge können z.B. Anstellungsverträge als Geschäftsführer oder Mitarbeiter, Miet- und Pachtverträge, Dienstleistungsverträge, Kaufverträge etc. sein.

Der Körperschaftsteuersatz auf den Gewinn beträgt 15 %. Hinzu kommen der Solidaritätszuschlag (5,5 % auf die Körperschaftsteuer) und die Gewerbesteuer.

Abgeltungsteuer und Teileinkünfteverfahren

Der an die Gesellschafter ausgeschüttete Gewinn muss von diesen als Einkünfte aus Kapitalvermögen nochmals versteuert werden. Die Besteuerung auf Kapitalgesellschafter-Ebene erfolgt in der Regel mit der Abgeltungsteuer (25 % plus Solidaritätszuschlag plus mögliche Kirchensteuer) oder mit dem Teileinkünfteverfahren (60 % des ausgeschütteten Gewinns nach dem individuellen Steuersatz).

Bei den steuerpflichtigen Einkünften aus Kapitalvermögen wird lediglich ein Sparer-Pauschbetrag in Höhe von 801 Euro bei Ledigen und 1.602 Euro bei zusammenlebenden Verheirateten berücksichtigt.

Sie können also grundsätzlich keine tatsächlichen Werbungskosten mehr geltend machen, weder Beratungsgebühren noch Fahrten zu einer Gesellschafterversammlung noch andere Werbungskosten, wie etwa Kreditkosten, die Sie privat aufgenommen haben, um Ihren Anteil zu finanzieren.

Wie von jeder Grundregel gibt es auch hier Ausnahmen. Nach § 32d Abs. 2 Nr. 3 EStG werden alle diejenigen, die

[1] entweder zu mindestens 25% an einer Kapitalgesellschaft beteiligt sind

[2] oder eine mindestens 1%-ige Beteiligung an der Kapitalgesellschaft halten und für diese beruflich tätig sind,

auf Antrag(!) individuell besteuert und bewahren den Werbungskostenabzug, allerdings nicht in voller Höhe, sondern nach dem Teileinkünfteverfahren.

Teileinkünfteverfahren bedeutet: 40 % der Einkünfte werden nicht besteuert, 60 % sind steuerpflichtig. Deshalb sind auch 60 % der angefallenen Werbungskosten anzuerkennen, 40 % nicht.

Wichtig: Gehören Sie zu der vorgenannten Gruppe und haben Sie den Erwerb von GmbH-Anteilen mit Fremdkapital finanziert, oder wollen Sie eine geplante Anschaffung mit Krediten finanzieren, sollten Sie genau rechnen, ob Sie sich individuell veranlagen lassen sollten und den 60%-igen Werbungskostenabzug erhalten oder nicht. Allerdings müssen Sie jedes Jahr neu rechnen (lassen). „Vergessen" oder widerrufen Sie die Option, kehren Sie automatisch zur Abgeltungsteuer zurück und erhalten keine erneute Wahlmöglichkeit.

Gewerbesteuer

Die Gewerbesteuer ist für Freiberufler ohne Bedeutung, denn nur Gewerbebetriebe müssen sie bezahlen. Wenn aber die freiberufliche Tätigkeit gewerblich wird, weil eine gewerbliche Tätigkeit „durchgefärbt" hat oder weil eine Rechtsform für die Tätigkeit gewählt wurde, die als Gewerbebetrieb kraft Rechtsform gilt, muss auch der Freiberufler sich mit der Gewerbesteuer als betrieblichen Kostenfaktor auseinandersetzen.

Die Gewerbesteuer ist eine Gemeindesteuer. Das Verfahren zu ihrer Erhebung ist zweigeteilt. In der ersten Stufe stellt das Finanzamt aufgrund der eingereichten

Gewerbesteuererklärung durch Steuerbescheid einen Gewerbesteuermessbetrag fest. Anhand dieses, für die Gemeinde verbindlich festgestellten Betrags erhebt die Gemeinde auf einer zweiten Stufe unter Anwendung ihres örtlichen Hebesatzes die Gewerbesteuer. Der **Mindesthebesatz** beträgt 200 %.

Die Gewerbesteuer darf nicht als Betriebsausgabe angesetzt werden.

Einzelunternehmer und Personengesellschaften können die Gewerbesteuer bei ihrer Einkommensteuererklärung angeben. Sie wird dann mit der Einkommensteuerschuld verrechnet. Eine vollständige Entlastung gibt es aber nur bei niedrigen Hebesätzen (bis 400 %). Wer sein Unternehmen in einer Kommune mit hohen Hebesätzen gründet, muss einen Teil der Gewerbesteuer selbst tragen.

Für die anderen ist die Gewerbesteuer, die sie praktisch vorauszahlen müssen, zu einer „Finanzierungsfrage" degradiert.

Die Gesellschafter von Kapitalgesellschaften können sich die von der Gesellschaft gezahlte Gewerbesteuer nicht verrechnen lassen. Auch die Kapitalgesellschaft selbst hat keine Verrechnungsmöglichkeiten.

Gegenstand der Besteuerung ist der Gewerbebetrieb, der im Inland betrieben wird (§ 2 Abs.1 Satz 1 GewStG). Die Tatbestandsmerkmale des Gewerbebetriebs im Gewerbesteuerrecht sind identisch mit denen des Einkommensteuerrechts (§ 2 Abs. 1 Satz 2 GewStG). Was gewerbliche Betriebe sind, wird durch das Einkommensteuergesetz bestimmt (§ 15 Abs. 2 EStG).

Das Gewerbesteuergesetz geht von ***drei Formen des Gewerbebetriebs*** *aus:*

[1] Gewerbebetrieb kraft gewerblicher Betätigung (§ 2 Abs. 1 Satz 2 GewStG), z. B. Einzelkaufleute, OHGs, KGs
[2] Gewerbebetrieb kraft Rechtsform (§ 2 Abs. 2 GewStG), z.B. GmbH
[3] Gewerbebetrieb kraft wirtschaftlichen Geschäftsbetriebs (§ 2 Abs. 3 GewStG), z.B. Vereine

Bei **Kapitalgesellschaften** gilt also jede beliebige Art der Tätigkeit als gewerblich, auch wenn eigentlich freiberufliche Tätigkeiten in der entsprechenden Rechtsform ausgeübt werden.

Erfüllt Ihre Tätigkeit zu einem Teil die Merkmale einer **freiberuflichen** und zum anderen Teil auch die einer gewerblichen Tätigkeit, können beide Bereiche getrennt werde. Die Folge dieser Trennung ist, dass der freiberufliche Teil nicht in die Gewerbesteuer einbezogen wird. Werden die beiden Bereiche dagegen nicht getrennt, „färbt" die gewerbliche Tätigkeit auf die freiberufliche durch (Durchfärbetheorie). Die Folge: Auch die Einkünfte aus der freiberuflichen Tätigkeit unterliegen der Gewerbesteuer.

Die Trennung der gewerblichen und freiberuflichen Einkunftsbereiche setzt voraus, dass beide Bereiche wirtschaftlich völlig getrennt voneinander geführt werden. Dies erfordert regelmäßig neben getrennten Bankkonten auch jeweils eigenständige Buchführungen und Gewinnermittlungen.

Bei **Gesellschaften bürgerlichen Rechts** aber ist eine Trennung in einen freiberuflichen und einen gewerblichen Teil genauso wenig möglich wie bei offenen Handelsgesellschaften oder Kommanditgesellschaften. Hier gilt die Tätigkeit insgesamt als gewerblich, auch wenn nur ein geringer Teil der gesamten Tätigkeit als gewerblich anzusehen ist (§ 15 Abs. 3 Nr. 1 EStG). Durch gesetzliche Fiktion werden sämtliche Einkünfte zu gewerblichen Einkünften.

Bei **Einzelgewerbetreibenden und Personengesellschaften** beginnt die Gewerbesteuerpflicht in dem Zeitpunkt, in dem erstmals alle Voraussetzungen erfüllt sind, die zur Annahme eines Gewerbebetriebs erforderlich sind (§ 15 Abs. 2 EStG). Bei Unternehmen, die im Handelsregister einzutragen sind, ist der Zeitpunkt der Eintragung im Handelsregister ohne Bedeutung für den Beginn der Gewerbesteuerpflicht.

Bei Kapitalgesellschaften beginnt die Gewerbesteuerpflicht mit der Eintragung in das Handelsregister. Von diesem Zeitpunkt an kommt es auf Art und Umfang der Tätigkeit der Kapitalgesellschaft nicht an. Die Steuerpflicht wird aber bereits vor dem Eintragungszeitpunkt ausgelöst, wenn eine nach außen in Erscheinung tretende Geschäftstätigkeit vorgenommen wird. Dagegen führen die Verwaltung eingezahlter Teile des Stammkapitals sowie ein bestehender Anspruch auf Einzahlung von Teilen des Stammkapitals noch nicht zur Gewerbesteuerpflicht.

Bei Einzelgewerbetreibenden und Personengesellschaft endet mit der tatsächlichen Einstellung des Betriebs die Gewerbesteuerpflicht. Die tatsächliche Einstellung des Betriebs ist anzunehmen mit der völligen Aufgabe jeder werbenden Tätigkeit.

Bei Kapitalgesellschaften endet die Gewerbesteuerpflicht – anders bei Einzelkaufleuten und Personengesellschaften – nicht schon mit dem Einstellen der gewerblichen Betätigung, sondern mit dem Aufhören jeglicher Tätigkeit überhaupt. Das ist grundsätzlich der Zeitpunkt, in dem das Vermögen an die Gesellschafter verteilt worden ist.

Schema der Gewerbesteuer-Ermittlung; Ermittlung des Gewerbeertrags:

	Gewinn (§ 7 GewStG)
+	Hinzurechnungen (§ 8 GewStG)
-	Kürzungen (§ 9 GewStG)
-	Kürzungen (§ 10 GewStG)
=	**Gewerbeertrag**
-	Freibetrag (nur bei natürlichen Personen) (§ 11 Abs. 1 GewStG)
=	**steuerpflichtiger Gewerbeertrag**
x	Steuermesszahl (einheitlich 3,5 %) (§ 11 GewStG)
=	**Steuermessbetrag** (§ 14 GewStG)
x	Hebesatz der Gemeinde
=	**Gewerbesteuer**

Der Steuermessbescheid wird vom Finanzamt erteilt, der Gewerbesteuerbescheid dagegen von der Gemeinde.

Die Gemeinden erheben zum 15. Februar, 15. Mai, 15. August und 15. November Vorauszahlungen auf die Gewerbesteuer. Jede Vorauszahlung beträgt grundsätzlich 1/4 der Steuer, die sich bei der letzten Veranlagung ergeben hat (§ 19 Abs. 2 GewStG). Die Gemeinde kann die Vorauszahlungen jedoch der Steuer anpassen, die sich für den Erhebungszeitraum voraussichtlich ergeben wird (§ 19 Abs. 3 GewStG).

Umsatzsteuer

Die Umsatzsteuer wird oft Mehrwertsteuer genannt und auch in offiziellen Rechnungen als MwSt abgekürzt. Den Begriff Mehrwertsteuer sucht man im Umsatzsteuer-Gesetz vergeblich, weshalb korrekterweise von Umsatzsteuer die Rede sein soll.

Die Umsatzsteuer besteuert das Erbringen wirtschaftlicher Leistungen durch Unternehmer.

Dabei trägt nicht der Unternehmer selbst die Umsatzsteuer, sondern sein Kunde. Der Unternehmer überwälzt die bei ihm entstehende Umsatzsteuer. Er muss die Umsatzsteuer in der Rechnung an den Kunden ausweisen. Den Umsatzsteuerbetrag, den er vom Kunden fordert und erhält, muss er an das Finanzamt abführen. Ist der Kunde wiederum ein Unternehmer und bezieht er die Leistung für sein Unternehmen, kann er die Umsatzsteuer, die er bezahlt hat, als Vorsteuer wieder vom Finanzamt zurückfordern. Lediglich der Endverbraucher hat keine Möglichkeit, die gezahlte Umsatzsteuer als Vorsteuer wieder geltend zu machen, sondern muss sie wirtschaftlich tragen. Obgleich der Unternehmer die Umsatzsteuer an das Finanzamt abführt, trägt somit nicht er, sondern der Leistungsempfänger die Steuerlast.

Der Unternehmer im umsatzsteuerlichen Sinn unterscheidet sich von den Definitionen in Einkommen- oder Gewerbesteuergesetz. Umsatzsteuerlicher Unternehmer ist auch ein Freiberufler.

Das **Umsatzsteuer**-System wird durch drei wesentliche Merkmale bestimmt:

[1] Allphasensystem

[2] Nettoumsatzsystem

[3] Vorsteuerabzug

Allphasensystem bedeutet, dass in jeder Wirtschaftsstufe jeder steuerbare Umsatz erneut besteuert wird. Damit muss jeder Unternehmer ohne steuerliche Qualifikation der eigenen Person zunächst Umsatzsteuer bezahlen.

Bemessungsgrundlage für die Besteuerung ist dabei jeweils der Nettopreis der erbrachten Leistung ohne die Umsatzsteuer (**Nettoumsatzsystem**).

Die Umsatzsteuer, die einem Unternehmer von einem anderen Unternehmer (Vorunternehmer) in Rechnung gestellt wird, bezeichnet man als Vorsteuer. Diese Vorsteuer wird an den Leistungsempfänger, sofern er Unternehmer ist, vom Finanzamt zurückerstattet. Dadurch wird erreicht, dass der Unternehmer nicht mit Umsatzsteuer belastet ist (**Vorsteuerabzug**). Die wirtschaftliche Last der mit Umsatzsteuer trägt grundsätzlich nur der Endverbraucher. Da der Unternehmer nicht belastet wird, ist die Umsatzsteuer wettbewerbsneutral.

Der Anspruch auf die Vorsteuererstattung wird dem Finanzamt gegenüber vom Unternehmer selbst mit der abzuführenden Umsatzsteuer verrechnet. Bezahlt wird nur die Differenz zwischen Umsatzsteuer und Vorsteuer – umgekehrt: Das Finanzamt erstattet nur den Differenzbetrag zwischen Vorsteuer und Umsatzsteuer.

Für jeden Neu-Unternehmer, der sich seine Betriebs- und Geschäftsausstattung erst kaufen muss, ist es natürlich höchst wichtig, dass er nur die Netto-Beträge kalkulieren muss und die gezahlte Umsatzsteuer vom Finanzamt zurückbekommt. Allerdings wurde in den letzten Jahren so viel „Schmu" damit getrieben, dass die Finanzämter nunmehr „nachschauen", ob der Betrieb, der hier Vorsteuer zurückerstattet haben will, auch tatsächlich existiert. Und bis diese „Umsatzsteuernachschau" auch tatsächlich erfolgt, kann einige Zeit ins Land gehen. Für Sie als ehrbaren Gründer heißt dies, dass Sie die Zeit, bis Sie die Vorsteuer auch tatsächlich erstattet bekommen haben, mit in Ihre Finanzierungsüberlegungen einbeziehen müssen.

***Steuerobjekt** im Sinne des § 1 Abs. 1 UStG sind:*

[1] alle entgeltlich erbrachten Leistungen und Lieferungen, auch aus Hilfsgeschäften, also Geschäften, die mit dem eigentlichen Unternehmenszweck gar nichts zu tun haben.

[2] privater Eigenverbrauch

[3] unentgeltliche Leistungen an Gesellschafter

[4] Einfuhr von Gegenständen aus dem Drittlandsgebiet in das Zollgebiet

[5] innergemeinschaftlicher Erwerb im Inland gegen Entgelt

Ein steuerbarer Umsatz liegt nur vor, wenn der Unternehmer seine Leistung gegen Entgelt erbringt. Entgelt ist alles, was der Empfänger der Leistung aufwendet, um diese zu erlangen. Es findet also ein Leistungsaustausch statt. Die Leistung wird erbracht, um die Gegenleistung, das Entgelt zu erhalten. Dabei ist es gleichgültig, woraus das Entgelt besteht. Eine entgeltliche Leistung liegt nur vor, wenn ein Austausch von Leistungen stattfindet, was insbesondere bei der Leistung von Schadensersatz fehlt.

Die Anwendung von **Steuerbefreiungen** setzt voraus, dass einer der Tatbestände des § 1 Abs.1 UStG erfüllt ist. Nur wenn Steuerbarkeit vorliegt, kann eine Steuerbefreiung eingreifen.

Zu den wichtigen ***Befreiungen*** *gehören:*

[1] *innergemeinschaftliche Lieferungen im EU-Gebiet*

[2] *Exportumsätze aus dem EU-Gebiet in das Drittlandsgebiet*

[3] *Befreiung des Kleinunternehmers, der bestimmte Umsatzgrenzen nicht überschreitet. Entscheidend ist dabei der Gesamtumsatz einschließlich Umsatzsteuer.*

Die Vergünstigung der Steuerbefreiung hat in der Regel den Nachteil, dass der Vorsteuerabzug ausgeschlossen ist. Nach § 9 UStG kann auf die Steuerbefreiung von bestimmten Umsätzen verzichtet werden. Die Folge des Verzichtes ist die Steuerpflicht des Umsatzes (z.B. der Mieterlöse) mit der Möglichkeit des Vorsteuerabzuges. Auch der Kleinunternehmer kann auf seine Steuerfreiheit verzichten.

Eine natürliche Person hat neben dem unternehmerischen Bereich stets auch einen privaten Bereich. Nur der unternehmerische Bereich ist von Umsatzsteuer entlastet. Soweit der Unternehmer als Privatmann agiert, soll er wie andere Privatleute auch mit Umsatzsteuer belastet sein. Aus diesem Grund wird die Überführung von Leistungen aus dem Unternehmensbereich in den Privatbereich als Eigenverbrauch mit Umsatzsteuer belastet (§ 1 Abs. 1 Nr. 2 UstG). Darüber hinaus hat der Gesetzgeber bestimmte Betriebsausgaben als sogenannten Aufwendungseigenverbrauch umsatzsteuerpflichtig gemacht.

Eigenverbrauch liegt vor bei:

[1] Entnahmen von Sachen

[2] Entnahmen sonstiger Leistungen

[3] einkommensteuerlich nicht abzugsfähige Aufwendungen

Damit eine Rechnung ordnungsgemäß ist (§ 14 UStG; § 14a UStG), muss sie den Namen und die Anschrift des leistenden Unternehmers, den Namen und die Anschrift des Leistungsempfängers nennen.

Eine **ordnungsgemäße Rechnung** ist in mehrfacher Hinsicht wichtig:

[1] für die Berechtigung zum Vorsteuerabzug des Leistungsempfängers (§ 15 Abs. 1 Nr. 1 UStG)

[2] für die Ermittlung der Umsatzsteuer-Zahllast des Leistenden

[3] für die Einkommen- und eventuell die Gewerbesteuer sowohl bei dem Leistenden als auch dem Leistungsempfänger.

Nicht ordnungsgemäße Rechnungen mindern die Aussagekraft der Buchführung ganz erheblich und führen meist dazu, dass der Betriebsausgabenabzug beim Empfangenden versagt wird.

Soweit eine Rechnung diesen Anforderungen nicht entspricht, dürfen Korrekturen oder Ergänzungen ausschließlich vom Rechnungsaussteller vorgenommen werden. Dies gilt auch für die nachträgliche Angabe des verwendeten Umsatzsteuersatzes.

Abweichend davon dürfen Rechnungen, deren Gesamtbetrag 150 € (inklusive Umsatzsteuer) nicht übersteigt, das Entgelt und den Steuerbetrag in einer Summe ausweisen. Zusätzlich muss jedoch der erhobene Steuersatz genannt sein. Der Leistungsempfänger und der Zeitpunkt der Leistung müssen nicht genannt sein.

Es genügen also folgende Angaben:

[1] Name und Anschrift des leistenden Unternehmers;

[2] Menge und handelsübliche Bezeichnung des Gegenstandes der Lieferung oder Art und Umfang der sonstigen Leistung;

[3] Entgelt und der Steuerbetrag für die Lieferung oder sonstige Leistung in einer Summe;

[4] Steuersatz für die Umsatzsteuer oder Hinweis auf Steuerbefreiung;

[5] das Ausstellungsdatum der Rechnung.

Wichtig, gerade **für Existenzgründer**, ist die Unterscheidung in Soll-Besteuerung (§ 16 UStG) und Ist-Besteuerung (§ 20 UStG)

Unter **Soll-Besteuerung** versteht man in der Praxis die Besteuerung nach vereinbarten Entgelten. Die Soll-Besteuerung ist der Regelfall (§ 16 Abs. 1 Satz 1 UStG). Vereinbarte Entgelte bedeutet, dass der Umsatz dokumentiert werden muss, sobald die Rechnung gestellt ist uns sich in den Händen des Leistungsempfängers befindet. Dann muss der leistende Unternehmer auch die Umsatzsteuer an das Finanzamt abführen, gleichgültig, ob der Kunde die Rechnung bereits bezahlt hat oder nicht.

Immer dann, wenn keine Ausnahme vorliegt, wenn also Sie als Unternehmer kein Kleinunternehmer mehr oder kein Freiberufler sind, unterliegen Sie automatisch der Soll-Besteuerung.

Unter **Ist-Besteuerung** versteht man die Besteuerung nach vereinnahmten Entgelten (§ 20 UStG). Die Ist-Besteuerung ist die Ausnahme. Daraus dürfen Sie messerscharf schließen, dass die „Vergünstigungen" der Ist-Besteuerung an bestimmte Voraussetzungen geknüpft sind. Und genau so ist es: Die Ist-Besteuerung können Sie als Unternehmer nur dann in Anspruch nehmen wenn der Umsatz Ihres Unternehmens bestimmte Größenmerkmale nicht überschreitet.

Das Finanzamt kann Ihnen auf Ihren Antrag hin die **Ist-Besteuerung** „gestatten":

[1] wenn Ihr Gesamtumsatz (§ 19 Abs. 3 UStG) im vorangegangenen Kalenderjahr nicht mehr als 500.000 Euro betragen hat, oder

[2] *wenn Sie keine Bücher führen und keine Bilanz erstellen müssen oder*

[3] *soweit Sie Umsätze aus einer Tätigkeit als Angehöriger eines freien Berufs ausführen.*

Der **Vorteil der Ist-Besteuerung**: Der Unternehmer muss die Umsatzsteuer erst dann dokumentarisch erfassen und an das Finanzamt abführen, wenn er seinerseits von dem Kunden die Umsatzsteuer erhalten hat.

Die Umsatzsteuer entsteht grundsätzlich mit Ablauf des Monats, in dem die Leistung erbracht wird oder – bei den Ist-Besteuerern – vereinnahmt wird. Die Umsatzsteuer ist auf zwei getrennten Konten zu buchen: Die geforderte oder erhaltene Umsatzsteuer als Passivposten (= Verbindlichkeit gegenüber dem Finanzamt), die Vorsteuer als Aktivposten (= Forderung gegenüber dem Finanzamt).

Die Umsatzsteuer ist grundsätzlich bis zum 10. des auf den Voranmeldungszeitraum folgenden Monats anzumelden und zu bezahlen (§ 18 UStG.) Voranmeldungszeitraum ist das Kalendervierteljahr. Das Finanzamt kann aber bei Unterschreiten gewisser Umsatzgrenzen den Unternehmer von der Verpflichtung zur Abgabe der Voranmeldungen und Entrichtung der Vorauszahlungen befreien. Das erfahren Sie dann durch die Finanzamtspost.

Wichtig: Für Sie als Existenzgründer ist der Voranmeldungszeitraum im laufenden und folgenden Kalenderjahr der Kalendermonat.

Zusätzlich zu den Voranmeldungen müssen Sie bis zum 31. Mai des Folgejahres eine Jahresumsatzsteuererklärung abgeben (§ 18 Abs. 3 UStG i.V.m. § 149 Abs. 2 AO). Ein sich aus der Jahreserklärung ergebender Nachzahlungsbetrag ist binnen eines Monats nach Abgabe der Erklärung zu bezahlen (§ 18 Abs. 4 Satz 1 UStG).

Es gibt Unternehmer, deren Umsätze sind dauerhaft so gering, dass von ihnen keine gesetzliche Umsatzsteuer erhoben wird. Die Voraussetzungen für diese „Nullbesteuerung" sind in § 19 UStG aufgeführt und dürften vor allem für Unternehmensgründer und für Jung-Unternehmer, deren Unternehmen oder Büro sich erst noch im Aufbau befindet, interessant sein.

*Als **umsatzsteuerlicher** Kleinunternehmer gilt derjenige, dessen Umsatz insgesamt*

[1] im vorangegangenen Kalenderjahr nicht mehr als 17.500 Euro nicht überstiegen hat und

[2] im laufenden Kalenderjahr 50.000 Euro voraussichtlich nicht übersteigen wird.

Maßgeblich sind die vereinnahmten Entgelte, nicht die vereinbarten. Ausstehende Rechnungen beispielsweise werden also nicht als Umsatz zur Bestimmung der Grenze zum Kleinunternehmer gezählt. Weiterhin zählt die Umsatzsteuer mit, sie muss also hinzugerechnet werden.

Ein Kleinunternehmer ist nicht berechtigt, von seinen Kunden Umsatzsteuer zu verlangen und sie in seinen Rechnungen auszuweisen.

Weist er dennoch Umsatzsteuer aus, muss er die ausgewiesene Umsatzsteuer an das Finanzamt bezahlen (§ 14 Abs. 3 UStG), und zwar auch dann, wenn er ansonsten der Nullbesteuerung unterliegt.

Da ein Kleinunternehmer praktisch wie eine letztverbrauchende Privatperson angesehen wird, darf er auch keine Vorsteuer geltend machen. Es sei denn, er optiert zur Umsatzsteuer, was dann beispielsweise Sinn macht, weil er umfangreiche betriebliche Anschaffungen getätigt hat, aus deren Kaufpreis er die Vorsteuer geltend machen kann.

In einem solchen Fall kann der Kleinunternehmer dem Finanzamt formlos erklären, dass er auf die Anwendung der Nullbesteuerung verzichtet. Diese Verzichtserklärung kann auch im Nachhinein abgeben werden bis zu dem Zeitpunkt, zu dem die Steuerfestsetzung unanfechtbar wird. Allerdings ist der Kleinunternehmer mindestens fünf Jahre lang an seine Erklärung gebunden. Außerdem gilt die Erklärung mit Beginn des Jahres, in dem er sie abgegeben hat. Widerrufen werden kann die Verzichtserklärung ebenfalls nur für ein gesamtes Jahr, also mit Wirkung vom jeweils 1. Januar an.

Wichtig: Wenn Sie als ***Existenzgründer*** *viele Anschaffungen haben, für die Sie Umsatzsteuer bezahlt haben, lohnt sich die Option höchstwahrscheinlich – wenn nicht, nicht!*

8 Nach dem Studium – was soll nun mit der Firma werden?

8.1 Partner steigen aus – Sie führen die Firma alleine weiter

Haben Sie Ihr Unternehmen gemeinsam mit einem Partner während des Studiums gegründet, gehen in vielen Fällen die weiteren Lebenswege auseinander. Hatte man noch gemeinsam eine Geschäftsidee während des Studiums entwickelt, gegründet und erste Geschäftserfolge erzielt, so ist jedoch die Wahrscheinlichkeit groß, mit Abschluss seines Studiums entsprechend seiner Stärken und Vorlieben einem anderen, vielleicht angestellten Job nachzugehen. Denn nun geht es darum, sich langfristig eine eigene berufliche Existenz mit einem tragfähigen Finanzkonzept zu sichern. Und nicht jeder Existenzgründer während des Studiums sieht seine Zukunft auch weiterhin in einem zwar selbstständig ausgeübten Beruf mit allen Chancen und Freiheiten, aber auch dem täglichen Kampf um Aufträge, Umsätze und Einnahmen.

Was also tun in so einem Fall?

Vorausgesetzt, Sie wollen das Unternehmen weiterführen, bedarf es zunächst einmal einer Klärung der rechtlichen Gesellschafterverhältnisse.

Wer übernimmt die Anteile des ausscheidenden Partners? Der Mitgründer oder ein Externer, neuer Gesellschafter?

Auf jeden Fall kommen Sie in dieser Situation nicht umhin, eine **Unternehmensbewertung** durchzuführen. Entweder Sie und Ihr Partner machen das selbst und bedienen sich der gängigen Methoden aus der Literatur (Ertragswertmethode!) oder Sie lassen das einen unabhängigen Profi machen, z.B. einen Unternehmens- oder einen Steuerberater. Wichtig ist dabei vor allem, dass der Weg und die Werte, die zum **Unternehmenswert** führen, für alle Beteiligten nachvollziehbar sind. Denn diese bilden die Basis auf der die eigentliche Kaufpreisfindung stattfindet. Dabei kommt es häufig vor, dass sowohl der Verkäufer als auch der Käufer ein solches Gutachten erstellen lassen, um die Richtigkeit der eigene Kauf- oder Verkaufspreisforderung zu unterstreichen.

Und was ist nun der „richtige" Kaufpreis?

Kurz gesagt: es gibt ihn nicht! Angebot und Nachfrage bestimmen auch hier den Preis. Es kommt also auch darauf an, wie viele zusätzliche Bieter für den zu verkaufenden **Geschäftsanteil** einen Kaufpreis stellen. Dies gibt dem Verkäufer die Möglichkeit, in einem gewissen Rahmen zu pokern und so den Kaufpreis nach oben zu treiben. Der Käufer wiederum sollte sich nicht täuschen lassen und sich eine absolute Obergrenze für sein Gebot setzen. Denn letztendlich geht es für den Käufer hier um ein unternehmerisches Investment, das sich mittel- bis langfristig lohnen, bzw. rentieren soll. Zumal wenn der Kaufpreis teilweise mit Fremdkapital finanziert wurde und daher ein regelmäßiger Kapitaldienst für Zins und Tilgung zu erwirtschaften und zu zahlen ist.

Ein weiterer wichtiger Punkt ist der **Zeitpunkt der Kaufpreiszahlung**. Normalerweise wird im Kaufvertrag festgelegt, dass zu einem bestimmten Zeitpunkt (z.B. vier oder sechs Wochen nach Vertragsunterzeichnung) der Kaufpreis zur Zahlung fällig ist. Hiervon gibt es beim Unternehmenskauf und -verkauf aber oftmals Abweichungen. Neben der sofortigen Kaufpreiszahlung gibt es auch die Möglichkeit der Verrentung des Kaufpreises, das heißt, der Kaufpreis wird in Raten über eine gewisse Zeitdauer hinweg z.B. monatlich bezahlt. Auch die Kombination von Anzahlung, Rentenzahlung und Abschlusszahlung („earn-out" ist der Fachbegriff hierfür, wenn die Abschlusszahlung an eine bestimmte Bedingung, z.B. das Erreichen eines bestimmten Umsatz- oder Ergebniszieles geknüpft ist) ist nicht unüblich.

Eher selten ist jedoch die (aufgeschobene) Kaufpreiszahlung nach Erreichen eines bestimmten Zieles in der Zukunft. Grundsätzlich gilt im Bereich der Kaufpreiszahlung **Vertragsfreiheit**. Es empfiehlt sich jedoch bereits im Vorfeld des Vertragsabschlusses sich hier juristischen Rat bezüglich der Gestaltung der Kaufpreiszahlung einzuholen.

8.2 Sie wollen neue Partner aufnehmen

Aber auch das Gegenteil zum Ausstieg eines Partners kann passieren: Sie wollen sich verbreitern und vergrößern, brauchen weiteres Know-how, Kapital oder auch nur Mitunternehmer, die aktiv und zielgerichtet an der Weiterentwicklung Ihres Unternehmen mitwirken wollen. Auch hier ist es zunächst notwendig, sich als Altgesellschafter über den aktuellen Wert des eigenen Unternehmens Klarheit zu verschaffen. Sie werden also auch in diesem Fall nicht umhin kommen, eine aktuelle **Unternehmensbewertung** zu erstellen, oder erstellen zu lassen. Denn durch den neuen Partner werden sich die Beteiligungsverhältnisse verschieben. Dies bedarf im Vorfeld der Abstimmung unter den „Altgesellschaftern", den der Neue bringt nicht nur Ideen, Arbeitskraft und Kapital mit ein, sondern bestimmt zukünftig auch über die Geschicke des Unternehmens mit.

Dazu kommt, dass man sich gesellschaftsrechtlich überlegen muss, ob der neue Gesellschafter bestehende **Gesellschafteranteile** von den Altgesellschaftern übernimmt. Oder ob das Grundkapital der Gesellschaft erhöht werden soll und so jeder der Gesellschafter neue Anteile übernimmt und somit auch neues Kapital in dieser Höhe in das Unternehmen durch die Altgesellschafter und den neuen Gesellschafter eingebracht wird. Neben den gesellschaftsrechtlichen und finanziellen Dingen muss dabei aber auch die Rolle des neuen Gesellschafters definiert werden:

Bringt er sich aktiv ein? Oder ist er eher ein „stiller Gesellschafter", der seine Beteiligung am Unternehmen als gutes Finanz-Investment betrachtet? Und wenn er aktiv in der Geschäftsleitung des Unternehmens mitarbeitet, welches Aufgabengebiet soll er übernehmen, welche Kompetenzen erhält er und welche Verantwortung muss er tragen?

All das kann und sollte sowohl in der Gesellschaft unter den Gesellschaftern schriftlich vereinbart werden und ggfs. im Außenverhältnis durch den **Gesellschaftervertrag** und die Handelsregistereintragung geregelt werden und somit auch für externe Geschäftspartner ersichtlich und nachvollziehbar sein.

Nachdem wir die finanziellen und gesellschaftsrechtlichen Gesichtspunkte einer Neuaufnahme von Partnern beleuchtet haben, sollte an dieser Stelle noch ein paar Worte zu den „Soft-Skills" einer Partnerschaft im Rahmen einer Unternehmensführung gesagt werden. Denn der Erfolg einer Verbreiterung der Gesellschafterbasis ist auch vom so genannten „Nasen-Faktor" abhängig, vor allem, wenn es sich um eine tätige Beteiligung im Rahmen der Geschäftsführung handelt.

Hier ist es unabdingbar, sich nicht nur gut auf der sachlichen Ebene zu verstehen, sondern auch einen gewissen Gleichklang auf der emotionalen, der Beziehungsebene zu haben. Denn im Rahmen der Unternehmensführung wird es immer wieder herausfordernde Situationen geben, die ein konsequentes und konkluentes, das schlüssiges und abgestimmtes Verhalten innerhalb der Geschäftsführung und vor allem im Außenauftritt benötigt.

Ziehen nicht alle Geschäftsführer am gleichen Strang, spüren dies die Kunden, Lieferanten, Mitarbeiter, Öffentlichkeit, ja, eigentlich alle „Stakeholder", die in irgendeiner geschäftlichen Beziehung zu Ihren Unternehmen stehen. Man wird Ihr Unternehmen in solchen Situation bestenfalls noch skeptisch betrachten, schlimmstenfalls aber die Schwächen innerhalb der Geschäftsführung versuchen zum eigen Nutzen auszuschlachten. Mit der **Bindungskraft** innerhalb der Unternehmensleitung ist es daher wie in einer Ehe: erst mit den Jahren beweist sich, wie tragfähig die Partnerschaft ist und damit wie erfolgreich sie sein kann.

8.3 Sie wollen die Firma verkaufen

Wie schon in Kapitel 8.1. angedeutet, ist es durchaus möglich, dass sich während des Studiums die Neigungen, Einschätzungen und Vorstellungen zur späteren beruflichen Tätigkeit ändern. Dies muss nicht unbedingt mit dem mehr oder weniger großen Erfolg des im Studium gegründeten Unternehmens zusammenhängen. Durch das Studium weitet sich der Horizont des Studierenden und es entwickeln sich so neue An- und Einsichten zum Wirtschaftsleben allgemein und den persönlichen Berufschancen am Arbeitsmarkt speziell. Es kann daher durchaus eine Option sein, das Unternehmen nach einer erfolgreichen Start-up-Phase im Anschluss an das Studium bestmöglich zu verkaufen. Hier gilt, wie immer beim Unternehmensverkauf:

Die Braut (das Unternehmen) muss geschmückt werden, bevor es zum Altar (bzw. zum Verkauf) geht!

Hiermit ist nicht ein zweifelhaftes „Window-dressing" mit zwielichtigen Methoden und Instrumenten einer kreativen Bilanzoptimierung gemeint. Vielmehr sollten alle Anstrengungen unternommen werden, das Unternehmen wirtschaftlich stark und erfolgreich zu machen. Denn: nur gut gehende und gut verdienende Unternehmen erzielen einen positiven **Unternehmenswert** (Ertragswertverfahren!) und werden daher am Markt für Beteiligungen nachgefragt. Daher muss der Zeitpunkt des angedachten Verkaufs frühzeitig festgelegt werden, damit noch genügend Zeit zur Optimierung der wirtschaftlichen Verhältnisse bleibt. Auch sollte bedacht werden, dass ein Investor auch immer auf eine gewisse Historie wert legt, dass also das Unternehmensergebnis schon eine Zeit lang nachgewiesen werden kann und in Bezug auf die Zukunft eine gewisse Nachhaltigkeit abzuleiten ist.

Ein **Unternehmensverkauf** ist daher, schon aus diesen vorgenannten Punkten heraus, kein schnelles Geschäft, sondern muss mit Ruhe und Geschick planmäßig vorbereitet werden. Hier können Ihnen spezialisierte Unternehmensberater oder auch M&A-Gesellschaften helfen, die viel Erfahrung (Track Record!) in der Vorbereitung und Gestaltung eines Verkaufsprozesses aufweisen. Denn die Vorbereitung ist maßgeblich verantwortlich für den späteren erfolgreichen Unternehmensverkauf.

Nachdem Sie nun Ihr Unternehmen gut aufgestellt haben, ist der nächste Schritt wiederum der einer Unternehmensbewertung. Hierzu sollten Sie sich externen Rat eines Profis holen. Der Steuerberater, oder noch besser ein Unternehmensberater, der sich auf Unternehmenstransaktionen spezialisiert hat, sind hierfür erste Ansprechpartner. Holen Sie sich hier professionelle Hilfe, den die „Gegenpartei", der potenzielle Käufer, wird sich ebenfalls eine Vorstellung vom Wert Ihres Unternehmens bilden und hierzu externen Rat einholen. Damit sind Sie dann gewappnet, um aktiv auf Käufersuche zu gehen.

Aber stopp! Wer hilft uns nun den richtigen und vor allem auch zahlungskräftigen Käufer zu finden?

Wenn wir zunächst einmal den „Genosse Zufall" aus dem Spiel lassen (aber auch der hat schon oftmals zu überraschenden, aber voll zufrieden stellenden Verkäufen geführt!), bietet sich an, auch hier planvoll und mit Hilfe Dritter vorzugehen. Als Anlaufpunkt sei hier (nicht zuletzt aus Kostengründen) zunächst das oftmals kostenfreie Angebot der regionalen Industrie- und Handelskammern (IHK) oder

Handwerkskammern genannt. Diese können eine gute erste Beratung bieten und haben oftmals auch eine eigene Internet-basierte Plattform für Unternehmensverkäufe, die so genannten Unternehmensbörsen.

Daneben gibt es aber auch Anbieter am freien **Kapitalmarkt**, jedoch oftmals kostenpflichtig. Mit einem Inserat ist es aber oft noch nicht getan. Denn viele Interessenten, neugierige und unbedarfte, wie ernsthafte und zahlungskräftige, tummeln sich hier. Schnell ist hier einmal angefragt und nachgefasst (unter Umständen sogar anonym), ohne dass der Verkäufer die Ernsthaftigkeit des Suchenden einschätzen kann. Die Selektion der Nachfrager kann daher bei dieser Form der Käufersuche eine anstrengende, wenig diskrete und oftmals von Enttäuschungen begleitete Form der Käufersuche sein.

Eine weitere Alternative ist es, im Gegensatz zur indiskreten Offerte seines Unternehmens auf einer Plattform, einen professionellen Unternehmensberater aus der M&A-Branche mit der Suche zu beauftragen. Dies ist sicherlich eine teure Variante der Käufersuche, jedoch gehen diese in der Regel planvoll nach Maßgabe Ihrer Vorgaben vor und sprechen diskret und vertrauensvoll potenzielle Käufer auf Ihr Unternehmen und Ihre **Verkaufsabsichten** an. Sollten Sie sich für diese am ehesten Erfolg versprechende Vorgehensweise fokussieren, achten Sie bitte darauf, nur eine Honorarvereinbarung mit Erfolgsbeteiligung zu unterzeichnen. Nur im Erfolgsfall sollte für den Unternehmensmakler eine Provision gezahlt werden, ausgenommen eine Anzahlung, die der Berater für die Erstellung einer Unternehmensbewertung und seiner Anlaufkosten in Rechnung stellt. Denn ohne Unternehmensbewertung werden Sie, wie schon häufig zitiert, keinen optimalen Verkaufspreis für Ihr Unternehmen erzielen. Die (erfolgsabhängigen) Kosten für die **Unternehmenstransaktion** sollten Sie dabei nicht schrecken. Erstens werden diese erst nach Vertragsabschluss fällig (und können dann vom eingehenden Kaufpreis bezahlt werden) und zweitens besteht die große Chance, dass Sie durch die Begleitung des Profis einen deutlich höheren Verkaufspreis erzielen, als ohne ihn. Der Unternehmensmakler macht sich bestenfalls durch seinen (höheren) Erfolg selbst bezahlt.

Zum Abschluss dieses Kapitels noch ein guter Rat: lassen Sie sich Zeit beim Verkauf! Handeln Sie aus einer Position der Stärke und Gelassenheit. Planen Sie frühzeitig den Verkauf und holen Sie sich professionelle Hilfe. Planen Sie mehrere Monate bis zum Verkaufstermin ein, denn es wird während des Verkaufsprozesses immer wieder Rückschläge und Enttäuschungen geben, bis der richtige Käufer mit dem passenden Angebot und der notwendigen Finanzierung mit Ihnen zum Notartermin geht.

8.4 Sie beenden die Firma

Die vierte Möglichkeit der Unternehmensentwicklung ist die der Einstellung der Geschäftstätigkeit. Vorausgesetzt, Sie tun dies freiwillig und nicht im Rahmen der wirtschaftlichen Notwendigkeit einer Insolvenz, gibt es auch hier einige Sachverhalte zu beachten.

Zunächst sollten Sie Ihren Steuerberater konsultieren. Dies hat einen einfachen Grund: Bei der Auflösung der Gesellschaft fallen in aller Regel noch **Steuern auf den Verkaufserlös** des Betriebsvermögens an, die unter Umständen nicht unerheblich sein können. Es bietet sich hier als Alternative an, das Unternehmen nicht zu liquidieren, sondern den Geschäftsbetrieb einzustellen und das Unternehmen ruhen zu lassen. Es werden nun keine Umsätze mehr generiert und die

Kosten (Buchhaltung, Gesellschafterversammlung, Abschlussarbeiten) halten sich in einem überschaubaren Rahmen.

Eine weitere Alternative ist, das Unternehmen zu verkaufen, entweder mit nur noch wenigen oder ohne Vermögensgegenstände, als reine **Firmenhülle**, zum Verkaufspreis von zum Beispiel einem Euro. Oftmals kaufen auch Steuerberater solche Firmenhüllen von eingetragenen Unternehmen und nutzen diese als Vorrats-Gesellschaften für neue Existenzgründer und nehmen eine Umfirmierung vor. Sprechen Sie diesbezüglich auf jeden Fall mit Ihrem Steuerberater. Auch die schon oben erwähnten IHK's oder Handwerkskammern können in solchen Situationen wertvolle Hilfestellung bieten.

Weitere Alternative kann jedoch auch sein, das Unternehmen zukünftig im verringerten Umfang nebenberuflich weiterzuführen. Klären Sie dies aber mit Ihrem neuen Arbeitgeber ab, da jegliche Nebentätigkeit diesem angezeigt und eventuell auch genehmigt werden muss.

Warum auch nicht das Unternehmen durch Dritte weiter führen lassen?

Verpachtung des ganzen Unternehmens oder das Einsetzen eines Geschäftsführers (mit Beteiligung zur stärkeren Bindung an das Unternehmen und Erhöhung der Motivation als Mitunternehmer) sind eine weitere Option, nicht zuletzt, wenn sich das Unternehmen wirtschaftlich trägt und so vielleicht für eine spätere Vollexistenz des Gründers wieder zur Verfügung steht.

Grundsätzlich gilt: Haben Sie den Spaß als Unternehmensgründer an Ihrem Unternehmen verloren, sollten Sie den sinnvollen Verkauf anstreben oder eine Fortführung durch Dritte prüfen und diese

Möglichkeiten einer Stilllegung der Geschäftstätigkeit vorziehen. Denn schließlich sind Sie einmal als Unternehmer gestartet und sollten nicht als Unterlasser enden.

Index

Abberufung 111
AfA 64
Aktiengesellschaft 54
Aktivseite 140
Allein-Aktionär 117
Allphasensystem 181
Anfangsinvestitionen 59
Anschaffung 140
Arbeitslosenversicherung 54, 55
Aufsichtsrat 118
Ausfallbürgschaft 68
außerbilanzielle Finanzierungsformen 69
Baden-Württemberg 75
Barmittel 60
Basel II 79
Beteiligung 61
Betriebsabrechnungsbogen 135
Betriebseinrichtung 140
Betriebsergebnis 133
Betriebshaftpflicht 52
Betriebsmittelkredit 63
Betriebsunterbrechungsversicherung 53
betriebswirtschaftliche Auswertungen 80, 130
Beurkundungspflicht 90
BGB 92
Bilanzverkürzung 70
Bonität 79
Bürgschaft 65, 68
Büroausstattung 59
Cashflow 71, 82
Controlling 143
Crowdfunding 61
Deckungsbeitrag 147

Dividenden 62
dynamischer Verschuldungsgrad 148
Eigenfinanzierung 120
Eigenkapital 60
Eigenkapitalgeber 61
Eigenkapitalquote 71, 82
Einkommensteuer 156, 161
Einnahmen-Überschuss-Rechnung 129
Einpersonen-Gesellschaft 116
Einzelgeschäftsführung 98
Einzelunternehmen 91
Entlastung 115
Entnahmen 99, 169
Erbschaft- und Schenkungsteuer 156
Existenzminimum 171
Factoring 66, 69
Feuer 52
Finanzierung 59
Finanzierungspartner 71
Finanzinvestoren 60
Finanzplan 77
Firma 104
Firmenhülle 201
Förderbank 74
Förderinstrumente 75
Förderprogramme 74
Fremdmittel 62
Fuhrpark 59
GbR 95
Gehalt 54
Geringfügigkeitsgrenze 56
Gesamtvertretung 98
Geschäftsanteil 194
Geschäftsausstattung 59
Gesellschaft bürgerlichen Rechts 93
Gesellschafterversammlung 114
Gesellschaftsvertrag 93
Gewerbebetrieb 164
Gewerbesteuer 175
Gewinn 168
Gewinn- und Verlustrechnung 70

Gewinnausschüttungen 62
Gewinnverteilung 96
GmbH 54, 105
GmbH-Gesetz 106
GmbH-Gründung 110
goldene Finanzierungsregel 63
Grundsätze ordnungsgemäßer Buchführung 130
Gründungsfinanzierung 62
Gründungsgesellschafter 104
Haftung 106
Haftungsbegrenzung 109
haftungsbeschränkte Unternehmergesellschaft 115
Handelsrecht 120
Handelsregister 92, 107, 110
Hauptversammlung 118
Hausbankprinzip 74
Inkasso-Büro 66
Insolvenz 65, 68, 84
Investitionen 140
Investitionskredit 64
Investitionsplanung 142
Investoren 60
Jahresabschluss 80
kalkulatorische Kosten 133
Kapitalgesellschaft 54, 90
Kapitalmarkt 199
Kaufpreis 194
Kennzahlen 145
KfW 74
KG 100
Kommanditgesellschaft 100
Kommanditist 101
Komplementär 101
Körperschaften 90
Körperschaftsteuer 156
Kosten- und Leistungsrechnung 132, 136
Kostenartenrechnung 133
Kostenstellenrechnung 135
Kostenträgerrechnung 135

Krankenkassen 54
Krankenversicherung 53
Kreditanstalt für Wiederaufbau 74
Kreditwesengesetzes 80
Kundenprofitabilität 147
Kündigungsmodalitäten 83
L-Bank 75
Leasing 70
Leitungswasserversicherung 53
Liquiditätsplanung 76
Lohnsteuer 156
Mikro-Darlehen 75
Mitspracherechte 61
Musterprotokoll 105
Nachschusspflicht 109
Notar 104
OHG 97
Personengesellschaften 90
Pfandrecht 84
Pflegeversicherung 54
Private-Equity 60
Privatvermögen 107
Produkthaftpflichtversicherung 53
Profitabilität 146
Publizität 121
Quellenabzugssteuer 161
Rating 79
Regionalförderprogramme 75
Reinvermögen 108
Rentabilität 146
Rentenversicherung 56
Risikokapital 60
Risikolebensversicherung 52, 53
Risikostreuung 84
Rücklage 109
Sacheinlage 108
Satzung 104
Schwarmfinanzierung 61
Sicherheiten 64, 68
Sitz 104
Solidaritätszuschlag 156
Spontanhauptversammlung 118

Stammeinlage 108
Stammkapital 104, 107
Startgeld 75
Startkapital 59
Steuerbefreiungen 183
Steuerobjekt 182
Teileinkünfteverfahren 174
Teilhafter 100
thesaurieren 109
Überschuldung 60
Umsatzsteuer 156
Umsatzsteuer-System 181
Universalbanken 72
Unternehmensbewertung 193
Unternehmenskrise 63, 84
Unternehmenstransaktion 199
Unternehmenswert 193
Unternehmerkredit 75
Venture-Capital 60
Verkaufserlös 200
Verlustverrechnung 170
Versicherungsfreiheit 54
Vertragsfreiheit 195
Verzinsungsanspruch 61
Vollhafter 97
Vor- und Nachkalkulation 137
Vorsteuerabzug 181
Wirtschaftsjahr 169
wirtschaftspolitische Instrumente 74
Wohnsitz 168
Zahlungsfähigkeit 145
Zahlungsströmen 76
Zahlungsunfähigkeit 84
Zahlungsziel 146
Zinsstrukturkurve 83
Zuschlagskalkulation 138